JN124678

はじめての海水魚飼育

増補改訂版

マリンアクアリスト
編集部編

**クマノミからサンゴまで
誰もが上手に飼える本**

目次 CONTENTS

サ　ン　ゴ

病　　気

魅力的なマリンアクアリウム生物カタログ

海にあこがれる
海を少しでも理解する
海を身近に感じる

それがアクアリウムという趣味

はじめに

部屋に水槽を置いて、魚をはじめとする水棲生物の飼育を水族館のように楽しむことを「アクアリウム」といいます。アクアリウムには、飼育対象に応じていくつかのスタイルがあります。最もポピュラーなものは、金魚やメダカ、熱帯魚などを飼育するフレッシュウォーター（淡水）のアクアリウムです。それに対して、海の魚を飼育する水槽を「マリンアクアリウム」と呼びます。

さらに最近では、サンゴ礁の生態系を取り入れた飼育スタイルが主流になり、マリンアクアリウムは「リーフアクアリウム」とも呼ばれるようになりました。リーフアクアリウムでは、魚以外にも生きたサンゴやイソギンチャクの仲間が飼育されています。その光景はまさしく、サンゴ礁を切り取ってきたような見事なものです。

実際のサンゴ礁では、様々な生物が複雑な生態系を作っています。そうしたサンゴ礁の生物を飼育するためには、専門的な知識が必要です。知識が必要なのは、海水魚だけを飼育する場合にも同様で、フレッシュウォーター・アクアリウムとは水質管理のコツが異なります。ですが近年では、そうした水質管理を助けるための器具が進歩しており、誰もが楽しめるようになっています。

本書では、これからマリンアクアリウムをスタートさせる皆さんに、魚を上手に飼うための水槽の作り方やメンテナンス法、生体の育成のコツ、そして、いずれは実現したいリーフアクアリウム制作のためのポイントなど、幅広い内容を詳しく解説していきましょう。

・海水魚とは・

アクアリウムの世界では、海に生息する魚類全般を「海水魚」と呼んでいます。暖かいサンゴ礁にいる魚を熱帯魚と呼ぶこともありますが、アクアリウム界における熱帯魚とは、「南米のアマゾン河など、熱帯域の川や湖に生息する淡水魚」を指します。

海水魚と呼ばれる魚は、サンゴ礁域で見られるカラフルな魚からサメやエイ類に至るまで、多様性に富んでいます。当然のことながら、海水魚は金魚やメダカとは違い、海水で飼育する必要があります

サンゴ礁と青い海。この美しさを室内でも再現できるのが、マリンアクアリウム

自然下でのカクレクマノミ

クマノミ類は、イソギンチャクに共生するという習性を持っています。写真は、カクレクマノミがセンジュイソギンチャクへ共生しているカット

センジュイソギンチャクは、水深 20m 前後の岩の上に定着しています。クマノミ類の種類によって、好むイソギンチャクの種類は異なります

自分の目の前でも

状態良く飼育されている、カクレクマノミとセンジュイソギンチャク。クマノミとイソギンチャクの共生は、もちろん水槽内でも楽しめるのです。こんな愛らしい光景をいつでも観賞できるのは、マリンアクアリウムの醍醐味のひとつ

マリンアクアリウムでは、サンゴも主役です。写真は自然下における、サンゴの仲間スギノキミドリイシとイトヒキテンジクダイの姿。スギノキミドリイシは、イトヒキテンジクダイのシェルターとしての役割も果たしています

美しきサンゴに舞う魚

ここまでできる！サンゴ礁を我が家へ

まるで、本当のサンゴ礁のような光景です。実際のサンゴ礁も、このように様々な種がひしめき合っていることが多いです。サンゴを配置する際には、種類ごとの生態に適した場所に置くのが、上手に育てるポイントになります

飼育に必要なもの

きれいな水を作るためのろ過設備など、飼育に必要な基本的な器具を取り上げました。マリンアクアリウムに限らず、淡水の熱帯魚や日本産淡水魚などの飼育にも使うことができます

文／円藤　清
イラスト／いずもり・よう

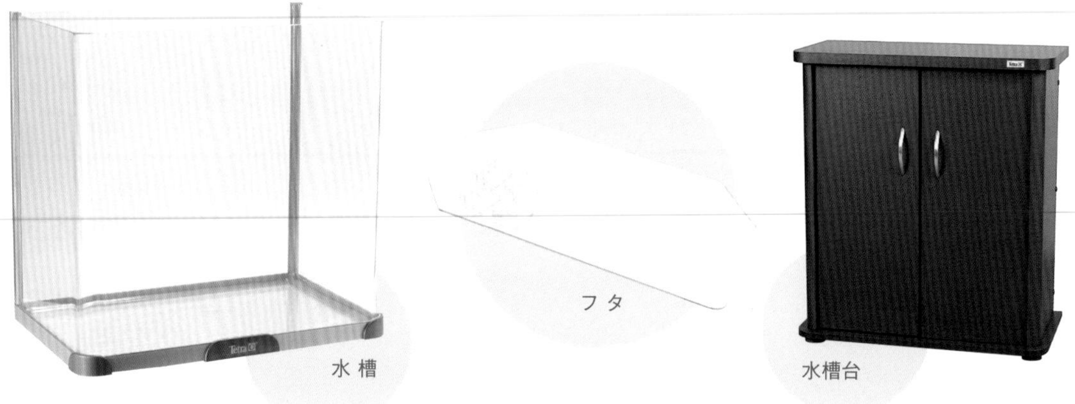

■水 槽

水槽はアクアリウムを楽しむ上で、最も重要なアイテムです。水槽の大きさは設置場所によって決めるのが一般的ですが、飼育したい生物を基準に選ぶのもよいでしょう。水槽にはガラス製とアクリル製のものがあり、それぞれに以下のような特徴があります。

ガラス製

○キズが付きにくく、安価なモノが多い
○既製品でサイズが豊富
○衝撃に弱く、破損しやすい
○シリコン部分は経年劣化しやすい

アクリル製

○衝撃に強く、破損しにくい
○保温性に優れている
○透明度に優れている
○表面にキズが付きやすい
○ガラス製に比べてやや高価

などが挙げられます。それぞれの特徴を踏まえて、飼育システムに合った水槽を選びましょう。

また、水槽にはフタも必要です（たいていは水槽に付属されています）。フタには、魚の飛び出しを防ぐほか、水分の蒸発を抑える役割もあります。

■水槽台

水槽は、海水を入れると大変重くなります。たとえば60cm規格水槽（60 × 30 × 36（高）cm）では、底砂や岩などを含めた総重量は、およそ70kgにもなります。したがって、水槽を設置する場所は、想定する重さをしっかりと支えられるものでなければなりません。専門店で水槽専用台として販売されているものであれば、まず安心でしょう。

■ヒーター

飼育水を、魚やサンゴなどに適した水温（たいていの生体では25℃前後）に保つために必要です。熱を発することで水温を上げるもので、水温を下げることはできません。写真は自動的に水温を25℃に設定してくれるオートヒーターですが、温度調整のダイヤルやセンサーが付属したサーモスタットとセットで使うものもあります。いずれも、生体のヤケドや事故を

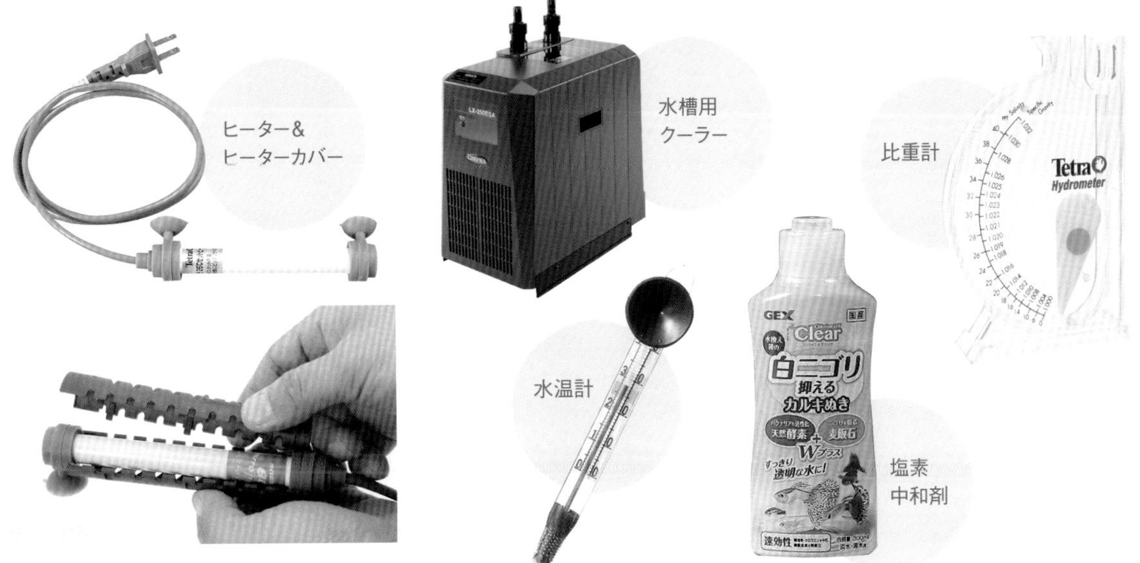

防ぐため、ヒーターカバーを付けておきましょう。

なお、ヒーターに限らずどの器具にも言えることですが、万が一故障したときのために、予備を揃えておくと安心です。

■ **水槽用クーラー**

ヒーターとは反対に、水を冷却することで、夏場など暑い時期の高水温を防ぐためのものです。特に、サンゴ類や水温が低めの深い海に生息している魚は高水温が苦手なので、用意しておくと案心です。同じ部屋にたくさんの水槽がある場合や、スペースの都合で水槽用クーラーを設置できない場合には、部屋ごとエアコンで冷やすのも方法です。

■ **水温計**

水槽の水温をチェックするために、水温計は常に見やすいところへセットしておきます。写真のように吸盤で水槽内の壁面へ付けるものが一般的ですが、デジタル式のものや、水槽の外側の壁面へ付けるものもあります。水温は、毎日朝晩チェックするとよいでしょう。

■ **塩素中和剤**

水道水の塩素には、魚やサンゴ、ろ過バクテリアなど生体に対して有害な塩素が含まれています。塩素中和剤は塩素を中和するためのもので、カルキ抜きとも呼ばれます。

■ **人工海水**

海水魚やサンゴ、イソギンチャク、海に生息する甲殻類などの飼育には、海水を用いる必要があります。そのための人工海水が各メーカーから販売されており、いずれも手軽に海水を作ることができます（人工海水について詳しくは18～21ページ参照）。また、ミドリフグやアーチャーフィッシュなど、汽水魚の飼育にも使用できます

■ **比重計**

海水の比重を計測するためのものです。比重は、一般的には1.022～1.024の間が適正とされています。実際には、1.020～1.027の間で調整できれば、魚に対しては特に問題ありません。ただし、あまり広範

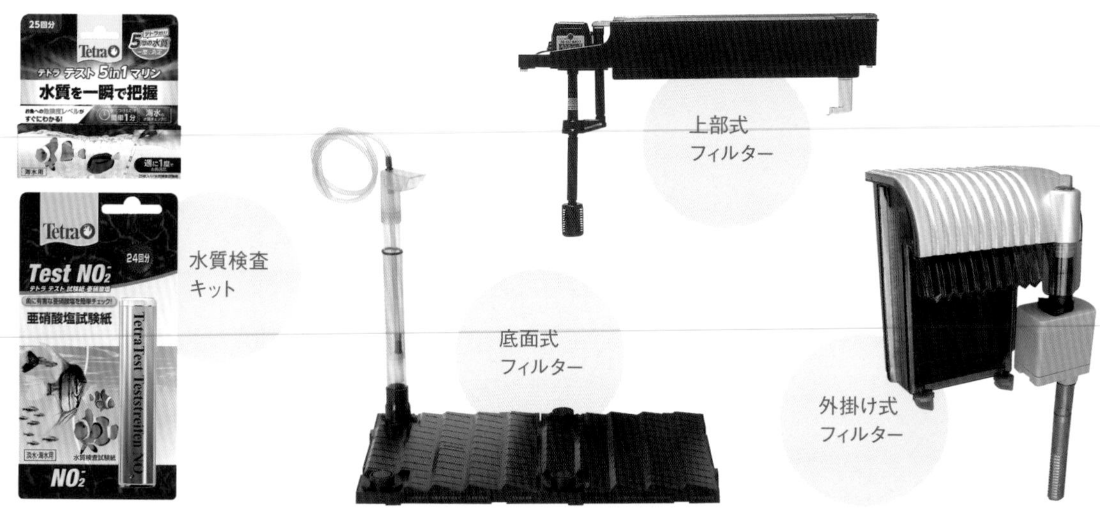

囲に変化していては負担をかけてしまいますし、水質にデリケートなサンゴを飼育する場合は特に、なるべく変化させないようにしましょう。

■ 水質検査キット

飼育水のアンモニアや亜硝酸などの濃度や、pH 値などを計測できるものです。水質の状態を知ることができるので、ひととおり揃えておくと便利です。

■ フィルターのタイプと働き

水槽のような閉鎖的な環境で生物を飼育する場合、海水を浄化するフィルター装置は重要です。海水魚をはじめとする生物は、餌を食べたり呼吸をすることで、アンモニアを排出します。これらは放置しておくと海水中に蓄積し、やがては有害な亜硝酸塩に変化してしまいます。フィルターはろ材に蓄えた好気性バクテリアによって、アンモニアや亜硝酸塩を吸着し、比較的無害な硝酸塩に変えるための装置です。

フィルターには色々なタイプがあり、それぞれ水槽の大きさに合わせて設置します。また、フィルターのろ材はサンゴ砂やセラミック製のもの、ウールマットなどいくつかあり、フィルターの種類に応じて使い分けます。また、活性炭などの吸着剤を使う場合もあります。いずれの素材を使う場合でも、定期的に洗浄、交換しなければなりません。

■ 底面式フィルター

すのこ状の板を底砂の下に敷いただけと、最もシンプルな構造のフィルターです。ここから水中ポンプやエアレーションで海水をくみ上げ、水を循環させます。したがって、ゴミなどは底砂に蓄積されるため、底砂は定期的な掃除です。マリンアクアリウムにおいては、底砂にはサンゴ砂の使用が一般的です。

■ 上部式フィルター

水槽の上部に載せて使用するもので、縁のある水槽に向いています。ろ過槽へポンプで水を汲み上げ、きれいに濾された水が水槽へ落下するという仕組みです。ろ過槽には、ろ過バクテリアを定着させるためにサンゴ砂やセラミック製などのろ材を入れ、その上に

● オーバーフローシステム

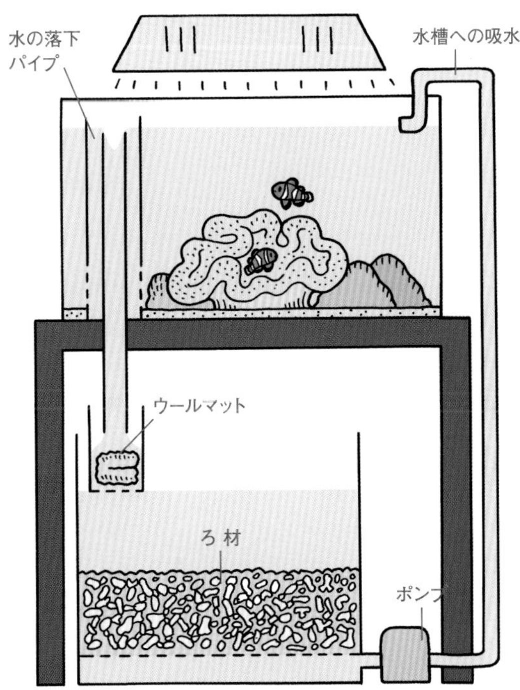

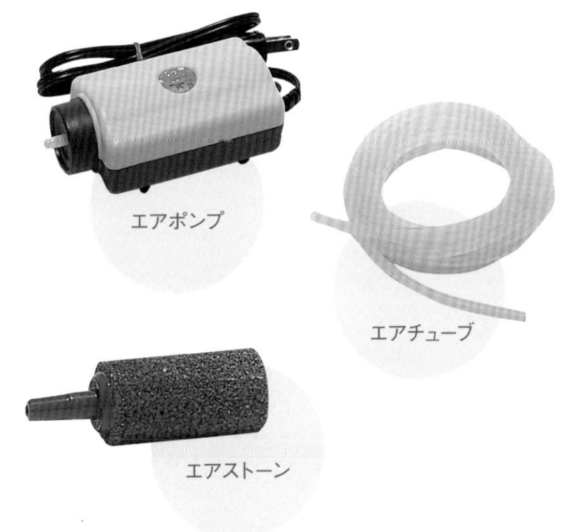

ゴミ取り用にウールマットを敷くのが一般的です。各メーカーから販売されているほか、ショップのオリジナル商品も見られます。

■ 外掛け式フィルター

水槽の側面や背面に掛けて設置します。活性炭の入ったカートリッジが内蔵されており、２週間〜１ヵ月に一度、交換する必要があります。幅 60cm 以下の小型水槽に向いています。

■ オーバーフローシステム

水槽の底、あるいは側面に穴をあけ、塩ビ管で配管することで、水槽内の水位が一定に保たれたまま海水が循環するシステムです。通常は、オーバーフロー加工されたメインタンクと、ろ過槽やサンプとなるもうひとつの水槽で構成されています。特に 100ℓ 以上の容量の大型水槽で、採用されるシステムです。

■ サンプとは？

オーバーフロー水槽の下段に置かれる水槽で、ベルリンシステム（14 〜 17 ページ参照）においては、主にプロテインスキマーやカルシウムリアクターなど、リーフアクアリウムならではの飼育機材を設置するスペースに使われます。その他にも不織布のメカニカルフィルターや水の落下音を軽減する工夫など、単なる水槽に留まらないアイデアを活かせるのがサンプです。

■ エアレーション器具

水中に空気を送り込むための器具で、エアポンプ、エアチューブ、エアストーンをセットで使います。水換えや薬浴の際に、魚を別の容器で一時的にストックする場合などは、エアレーションしておく必要があります。また、バケツの中で人工海水を溶かす際にも使用できるので、揃えておくと便利です。底面式フィル

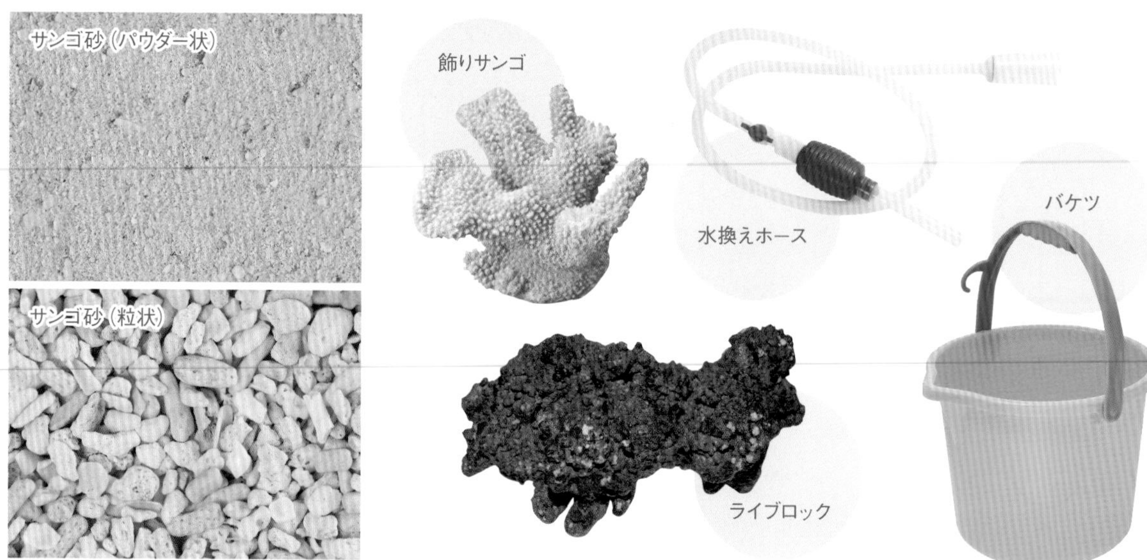

ターのようにエアリフトの力で水を循環させるタイプのフィルターにも、エアポンプとエアチューブが必要になります。

■ レイアウトグッズ

底に敷くのは、サンゴ砂が一般的です。サンゴ砂は粒の大きさが様々なので、飼育する生体や使用するフィルターの種類に合わせて選ぶとよいでしょう。

水槽内の飾りに使うのは、飾りサンゴやライブロックなどです。飾りサンゴは、生きたサンゴではありません。一方ライブロックとは、海底に転がっている、生きた岩のことです。ライブロックは、特にベルリンシステムの立ち上げ時には欠かせないアイテムです。

■ メンテナンスグッズ

魚のためにも、観賞面を考えても、水槽は見た目も水質もきれいに保っておきたいものです。そのためには、定期的に水換えやコケ取りをするようにしましょう。水換え時には、水換え用ホースとバケツを使用します。また、コケ取りグッズとしては、専用のスクレーパーやスポンジなどが販売されています。バケツは、人工海水の素を溶かしたり、魚やサンゴなどを一時的に避難させる際にも便利です。

■ 照明器具について

アクアリウムで使用する照明器具には、たくさんの種類があります。それぞれ、水槽の大きさや飼育生物によって選びます。魚だけの水槽であれば、特に制約はなく、魚がきれいに観賞できればどんなライトでもかまいません。ただし、魚によっては明るい環境を嫌う種もいるので、魚の生態をよく吟味することが大切です。過度な照明は無用に電気を使うばかりか、熱で水温上昇の原因にもなりかねないので気をつけましょう。最近では省エネを意識した ED ライトの開発が盛んで、多く使用されています。

魚だけの飼育ならともかく、サンゴ類の飼育では、照明器具の選択は重要です。サンゴ飼育ではメタルハライドランプやシステム LED、高出力の T5 蛍光灯が使われます。何を購入すればよいか迷ったら、ショップの店員さんに相談するのがおすすめです。

色々な照明器具

水槽用の照明器具には蛍光灯、T5蛍光灯、メタルハライドランプ、LEDライトなどがあります。現在の主流はLEDライトで、ここでご紹介している製品も全てLEDライトです。太陽光に近い波長を発するもの、サンゴの色揚げに適した波長を発するものなど特徴は製品によって様々なので、水槽サイズや飼育生物などに応じて選ぶようにしましょう

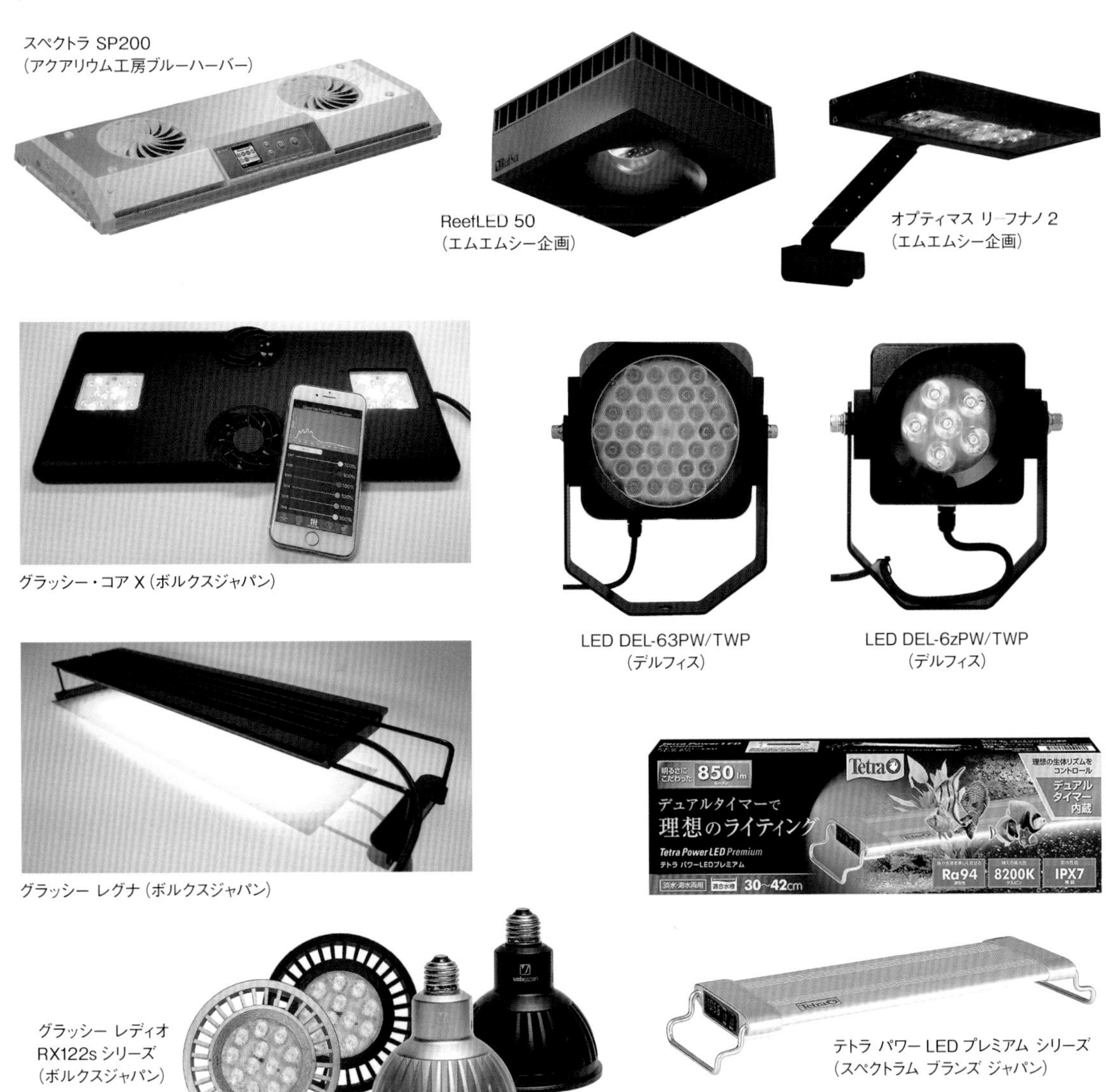

スペクトラ SP200
(アクアリウム工房ブルーハーバー)

ReefLED 50
(エムエムシー企画)

オプティマス リーフナノ 2
(エムエムシー企画)

グラッシー・コア X(ボルクスジャパン)

LED DEL-63PW/TWP
(デルフィス)

LED DEL-6zPW/TWP
(デルフィス)

グラッシー レグナ(ボルクスジャパン)

グラッシー レディオ
RX122s シリーズ
(ボルクスジャパン)

テトラ パワー LED プレミアム シリーズ
(スペクトラム ブランズ ジャパン)

サンゴを上手に飼うためのベルリンシステム

近年のマリンアクアリウムでは、色とりどりで華やかなサンゴの人気が高まっています。しかしサンゴの育成は、魚に比べるとやや難しい面があります。ここでは、サンゴの育成に適した「ベルリンシステム」について、仕組みや必要な器具などを解説していきましょう

文／円藤　清
イラスト／いずもり・よう

■ ベルリンシステムとは？

多くのアクアリウムでは、ろ材を使って水の汚れや不純物を濾し取るフィルターが使用されています。フィルターでは物理的にゴミを除去する「物理ろ過」の働きと、それと同時に生物反応でアンモニアを生物が比較的無害な亜硝酸に変える「生物ろ過」の働きがあります。しかし亜硝酸は、サンゴ類に対しては、有害な存在です。たとえば、フィルターのある水槽では亜硝酸はろ材に蓄積するので、サンゴを飼っている場合は短いサイクルでの大量換水が必要になります。

一方、ベルリンシステムにはフィルターがなく、そのかわりに「プロテインスキマー」と「カルシウムリアクター」が設置されます。このシステムは、ドイツのベルリンにて、ミドリイシ類などの水質に特に敏感なサンゴ飼育を目的に考えられた飼育理論です。

「プロテインスキマー」と「カルシウムリアクター」の他に重要なものは、底砂とライブロックです。

底砂はサンゴ砂を用いることが多いのですが、水槽設置後、砂の中では多くのバクテリアや微細な生物の生態系が形成されます。砂上に落ちた残餌やフンは、これらの生物によって分解されるのです。ベルリンシステムの底砂は、洗浄したサンゴ砂を使用した場合、生物相が安定するまでは半年から1年ほどかかりますが、バクテリア付きの「アラゴナイトサンド」を使用すれば数日で済むので、こちらのほうが便利です。

ベルリンシステムを用いたサンゴ水槽

これらをセッティングしたベルリンシステムは、サンゴ飼育をメインに考えられた飼育法ですが、近年はプロテインスキマーの進化によって、魚飼育でも採用されるシステムになっています。つまり、サンゴが飼育できる環境は、海水魚も飼育できる理想的な環境になっているという考え方です。

水道水が飲料に適さないヨーロッパでは、換水は大変な作業です。ベルリンシステムは、換水をできるだけしないで済むシステムとして考えられたものですが、日本では水道水のカルキ（塩素）さえ除去すれば、比較的容易に換水用の水が手に入ります。同じベルリンシステムでも、その国の事情によって、維持管理の方法は少しずつ変わってきています。

一般的なベルリンシステムの水槽

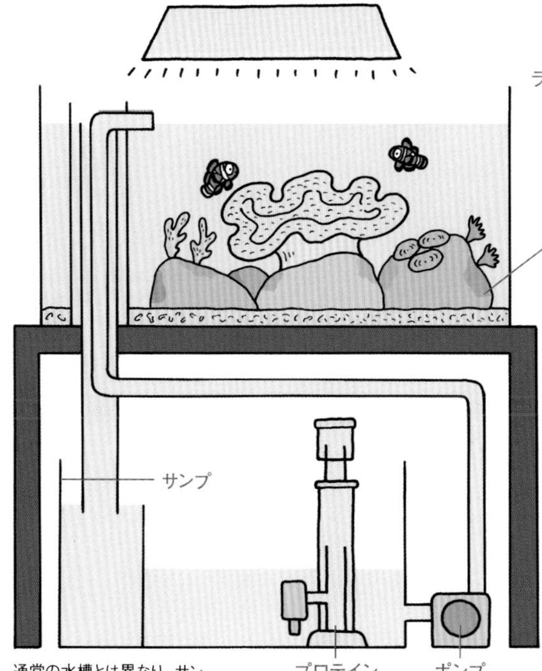
ライブロック　この岩が、生物ろ過の担い手となります。必ず、鮮度のよいライブロックを使いましょう
サンプ
通常の水槽とは異なり、サンゴ砂などのろ材は使用しません。そのため下段は、単純に貯水槽となり、サンプと呼ばれます。老廃物などが、ここに溜まります
プロテインスキマー
水中に漂うゴミやタンパク質を、泡の力で取り除く装置。サンプには、カルシウムリアクターも収容されます
ポンプ

■ プロテインスキマー

細かい泡で海中の不純物を分離・除去する装置で、泡の発生方法や装置の大きさは、商品によって異なります。いわば、魚のフンなどが完全に海中に溶けてしまう前に除去する装置です。

■ カルシウムリアクター

装置内のpHを二酸化炭素によって低下させることで、カルシウムメディアを溶解させ、カルシウムイオンを抽出する装置です。それによって、水質をサンゴが成長しやすい環境に整える働きがあります。

■ ライブロック

水槽に入れる最初の生物（？）というと語弊がありますが、ライブロックは海から揚げてきた文字通り生きた岩です。ライブロックには好気性バクテリアやヨコエビ類、ゴカイなどの環形動物、石灰藻、カイメン類に至るまで様々な微生物が付着しており、これらが岩と一緒に水槽に入り込んで、新たな生物相を形成します。したがって、ライブロックを購入する際には、形の良さはもちろんのこと、状態のよい新鮮なものを選ぶことが重要です。

ライブロックは水から揚げられた状態で入荷するので、それをそのまま水槽に入れてしまうと、死んだ生物が腐ったまま水中に溶け出てしまい、水質が悪化してしまいます。そのようなライブロックは水から揚げると腐敗臭がするので、しばらくは使えません。ほとんどのライブロックは、入荷後しばらくはエアレーションを施した水槽内でトリートメントして、その後使用できるようになります。

■ RO浄水器

水道水には、塩素の他にもリン酸や重金属が含有されています。これらはもちろん、人体には影響の

ベルリンシステムでサンゴに用いたい添加剤

サンゴを飼育する水槽では、海水成分は常に変化しています。これは、サンゴが成長によって各種成分を消耗するほか、プロテインスキマーによって有機物と一緒に除去されてしまう成分もあるためです。サンゴが安定して成長するためには、海水の成分を常に整えておくことが大切です。そこで、サンゴ類が特に消費する成分については、添加剤によって補充することで、容易に海水成分を整えることができます

ストロンチウム&モリブデン
Strontium&Molybdenum

サンゴがカルシウムを吸収する際に、同時に摂取される成分です。単品の溶液のものや、あらかじめカルシウムと混ぜてあるものが市販されています

アイオデン
Iodin

ヨウ素は、サンゴの代謝を促進させ、組織を再生させるときに消費される元素です。褐虫藻にも働きかけ、全体の色みを維持する効果もあります

トレースエレメンツ
Trace Elements

海水に含まれる微量元素です。生物が多いほど海水から失われるので、定期的に添加する必要があります。換水時にも適量を添加することで、常に海水成分のバランスを維持することができます

マグネシウム
Magnesium

水酸化カルシウム同様、リン酸を結合する性質があります。それにより、水酸化カルシウムの効用をさらに高める作用があります

鉄
Iron

サンゴそのものというよりも、共生する褐虫藻の光合成に必要な成分ですが、入れすぎるとコケの発生を招く要因にもなります

リキッドカルシウム
Liquid Calcium

塩化カルシウムです。カルシウム濃度を素早く高める効果がありますが、長期にわたって使い続けると、イオンバランスを崩す恐れがあります

ない値ですが、水槽に持ち込まれると無用なコケの発生原因になります。サンゴ飼育では、こうしたリン酸塩やケイ酸塩などの栄養塩を低く抑えることが大切になってくるので、水道水からこれらを除去できるRO浄水器（19ページ参照）で生産した純水を用いて、人工海水を作ると有効です。

■ 添加剤

前述したように、ベルリンシステムが考案されたヨーロッパでは、換水作業は大変手間が必要なものでした。しかし、サンゴが成長すると、海水中のカルシウムをはじめとするミネラル分は消費吸収されてしまいます。そこで、それらを補充することで海水成分の維持をしようと作られたのが各種添加剤です。

添加剤にはいくつかの成分がありますが、ひとまとめにすると結合してしまう成分もあるので、ほとんどの商品は成分ごとに別々の容器に入れられています。添加剤は、特にサンゴ類が多く飼育されている水槽では有効に作用します。しかし、ベルリンシステムではなく、ろ過槽（フィルター）のある水槽で使用すると成分が濾し取られてしまうため、効果は半減してしまいます。

ベルリンシステムが一般的になってきてからは、リーフアクアリウムのノウハウにも大きな変化が起きています。それまでは熱帯魚飼育の延長線上にあったような海水魚飼育ですが、ろ過槽のないベルリンシステムとプロテインスキマーの登場は、ろ過の概念を大きく変えてしまったのです。

近年では、水槽の水質管理は、より生物相を重視した考え方に落ち着いています。同時にサンゴ飼育がポピュラーになったことで、海水の水質管理のノウハウがより確立されたと考えてもよいでしょう。

● プロテインスキマー＆カルシウムリアクター

ベルリンシステムの主役とも言える「プロテインスキマー」と「カルシウムリアクター」。ここで取り上げた以外にも、水量1000ℓ以上の大型水槽にも対応したものなど、各メーカーから様々な商品がラインナップされています

プロテインスキマー

※サンゴ水槽での対応水量は、表示の約1/2～1/3が目安になります

サンプバディー SB-40
（アクアリウム工房ブルーハーバー）
コンパクトタイプのダウンドラフト式プロテインスキマー。出水用バルブの調整はスライド式のため、狭いサンプへの設置に適しています。対応水量500ℓまで

オルカ スキマーミニットⅡ
（エムエムシー企画）
エアポンプにつないで水槽内に引っ掛けるだけで設置ができるエアリフト式プロテインスキマー。ウッドストーンから発生する微細な泡で水中の有機物を取り除き、水質を改善させます。設置・使い方が簡単で、価格もベンチュリー式よりお求めやすいので、初めてプロテインスキマーを使用する方におすすめです。対応水量60cm水槽まで

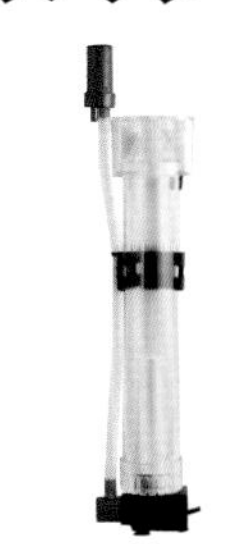

オルカ スキマーミニットⅡ デラックス（エムエムシー企画）
水中ポンプとインペラーによって微細な泡を作り出すベンチュリー式プロテインスキマー。このタイプのプロテインスキマーは大型水槽向けが多いですが、本機は水槽内に引っ掛けるだけで設置ができる小型水槽向け。エアリフト式よりもやや高価ですが、除去能力にさらにこだわりたい方はこちらがおすすめ。対応水量60cm水槽まで

カルシウムリアクター

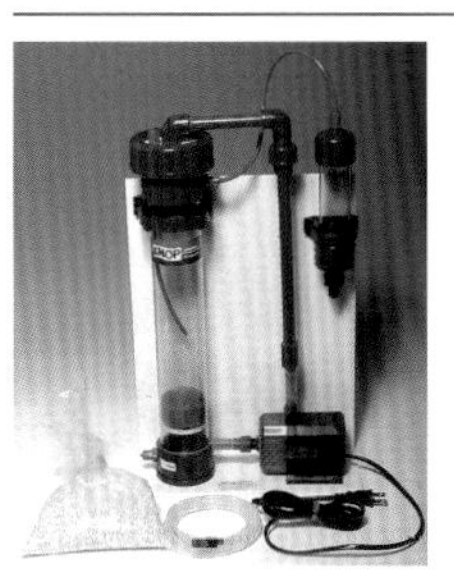

Cタイプ（アクアリウム工房ブルーハーバー）
ドイツ製の定番リアクター。安定した炭酸塩硬度とカルシウムを添加します。対応水量300ℓまで

HSカルシウムリアクター CA-0
（エムエムシー企画）
水槽内のカルシウムと炭酸塩の濃度を、常に高いレベルに保つことができます。最大対応水量400ℓまで、ベルリンシステム水槽対応水量200ℓまで

＼こんなシステムもあるよ！／

泥を使ったマッドシステム

マッドシステムとは、ミネラル分を多く含んだミラクルマッド（特殊な泥）と海藻類を使った還元層を使い、海水中の二酸化炭素やリン酸塩を吸収させ、ミネラル分を補充するシステムで、アメリカのエコシステム社が開発したシステムです。システム内では24時間照明が点灯されカウレルパなどの海藻が育成されます。大自然の浄化サイクルを再現したシステムです。

マッドシステムの還元層が作られるスペースは、ろ過層というよりもリフュージウムと呼ばれる隔離されたスペースで、原理はメインタンクと飼育水を共有する小さな水槽です。リフュージウムには魚は入れないのが原則です。魚がいると泥が舞い上がってしまいメインタンクに流入してしまうからです。魚を入れない還元層では微細な甲殻類が発生し、メインタンクにいる魚の餌にもなります。

マッドシステムはLPS中心のサンゴ水槽をはじめ大型種が泳ぐ混泳水槽など、幅広いリーフアクアリウムに有効とされています。

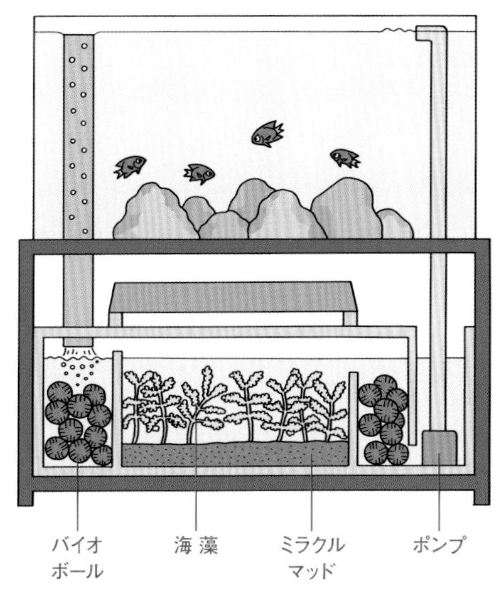

※海藻には24時間ライトを当て続けます

人工海水を使いこなそう

海水魚と淡水魚（熱帯魚）との飼育において、大きく違うのが、マリンアクアリウムでは海水を使うということです。食塩を水に溶かした塩水では飼育できないので、専用の人工海水を使うようにしましょう

文／円藤　清

■ 人工海水とは？

海水魚飼育においては、人工海水を使って海水を作るのが一般的です（ショップによっては天然海水も購入できます）。

人工海水は水に溶けやすい粉末状で、適量をカルキ抜きした水道水に溶かせば、簡単に海水を作ることができます。また、いくつかの銘柄が販売されているので、飼育対象に合った商品を選んで使用するとよいでしょう。銘柄によってはそのまま水道水に使用できるものや、サンゴ飼育のための純水（RO水）対応のものなど、微妙に違いがあります。ショップスタッフにアドバイスしてもらったり、使用時には説明書きをよく読むようにしましょう。

良質な人工海水には、塩分やカルシウムをはじめとした多くの微量成分が含まれています。これらは適量がバランス良く一袋に含有されているので、溶かす際にはできるだけ袋単位で使用したほうが、成分が均一な海水を作ることができます。そうでなくても粉末状の人工海水は湿気を吸収してかたまってしまうので、パッケージ開封後は袋の口をしっかりとゴムで留めるなどの管理が大切です。

人工海水を作る際には、使用する分量に合った容器を用意します。粉末状の人工海水を素早く撹拌するには、パワーヘッドと呼ばれる小型の水流ポンプを使い、容器内に水流を作るのがおすすめです。溶解後はポンプにホースをつなげて、水槽に海水を注ぎ込むこともできます。人工海水が完全に溶解する

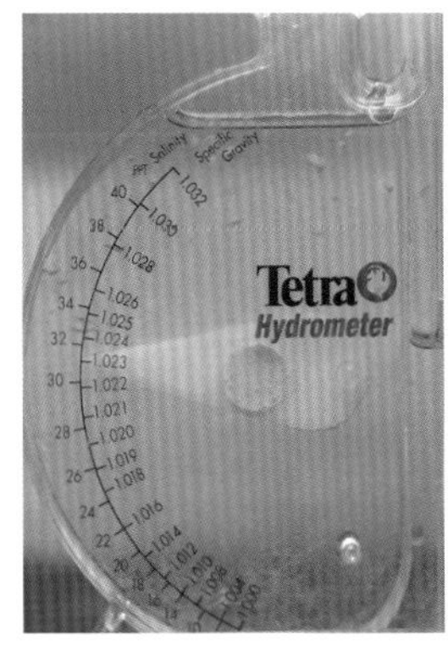

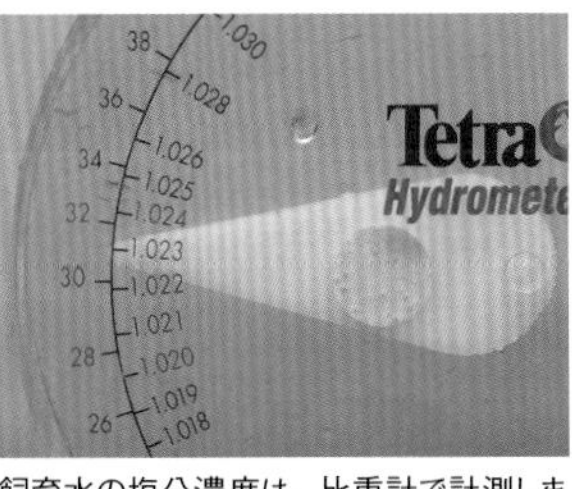

飼育水の塩分濃度は、比重計で計測します。この例の塩分濃度は、1.023。ちょうど適正で問題ありません。飼育水が蒸発すると、そのぶん塩分濃度が高くなるので、こまめに足し水しましょう

バケツ内で作った海水を水槽へ注水するには、水中ポンプを使うと便利です

RO 水とは？

専用の浄水器（RO 浄水器）によって、水道水中の不純物が取り除かれた水のこと。生物にとって必要な成分も取り除かれるため、水質調整剤を投与したり、水道水と割って使うのが基本です。淡水のアクアリウムでも、ディスカス飼育などで用いられることがあります。

ショップでは、アクアリウム用の RO 浄水器を購入できます。写真は「エキスパート マリン Z」（マーフィード）

と海水は透明になりますが、最低３時間、できれば6時間ほど撹拌してから使用しましょう。湿気ってしまった人工海水では、成分が溶け残ってしまうこともあるので、撹拌時間が長く必要になります。

■ 大切なのは塩分濃度

海水の塩分濃度は、比重計で計測することができます。比重計でのメモリは 1.023 が適正ですが、1.020 ～ 1.027 の範囲に調整できれば、魚には特に問題はありません。しかし、デリケートなサンゴ類の飼育時には、あまり広範囲に変動させないほうがよいでしょう。また、冬場など水槽から水分が蒸発しやすい時期では比重が変化しやすいので、水槽の水位をチェックしながらこまめに比重もチェックする必要があります。

水槽から水分の蒸発を防ぐには、しっかりとフタをすることが大切です。人工海水を作る際にも、比重を計測する必要がありますが、決まった容器と計量カップを使っていれば、いちいち測定しなくても一定濃度の人工海水を作ることができます。

さらに比重計の値は水温によって左右されるため、正確な測定には水温を 25℃前後に調整するのがポイントです。市販の多くの比重計は、25℃設定で作られています。

最後は海水温度をヒーターなどで調整後、水槽に注入します。

人工海水の溶かし方（水槽セッティング時）

水槽の水量を計算し、必要な人工海水の量を割り出したら、重さを量って人工海水の素を用意します。なお本来は、人工海水を溶かした後に底砂を敷くのが理想です

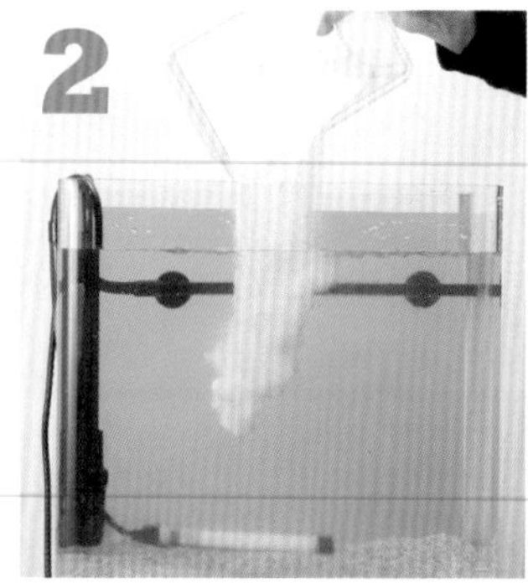

人工海水を水槽へ入れます。水槽セッティング時には魚が入っていないため、水槽内で人工海水を溶かしてもよいですが、水換えの際はバケツなど別の容器で溶かします

このように濁った状態がしばらく続くので、手でかき回してよく溶かします。この時点では完全に溶けていないので、比重計（写真は、ボーメ計と呼ばれるガラス管を使ったタイプ）の値は低いのが普通です

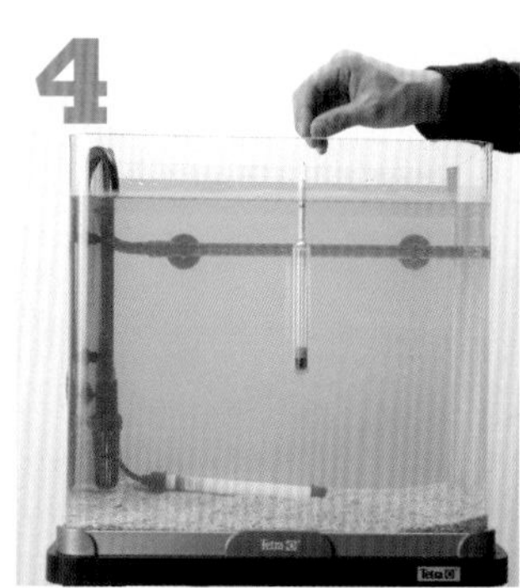

海水が透明になったら、底砂をかき混ぜて底砂内にも海水をなじませ、改めて比重を計ります。十分に溶けきったので、今度は正しい数値になりました

適正比重の海水を作るには？

水槽と人工海水の素の分量の割合を知っておけば、簡単に適正比重の海水を作ることができます。

水温 25℃の時、1ℓの真水に 38 gの人工海水の素を溶かす → 比重 1.023 の海水

これを元に、使う真水の量に合わせて人工海水の重さを量って溶かすとよいでしょう。

また、水槽の大きさから水量を割り出す計算式も知っておくと便利です。四角い水槽の場合、**水量は幅×奥行き×高さを掛け合わせた値**が水量となります。

たとえば、60 × 30 × 36（高）cm レギュラー水槽で高さ 30cm まで水を張っている場合は、下記のようになります。

幅 60 ×奥行き 30 ×高さ 30cm ＝ 54,000（mℓ）＝ 54ℓ

したがって、この水槽に必要な人工海水の素は **54（ℓ）× 38（g）＝ 2,052（g）**となります。

規定量の人工海水の素を量って使用します

バケツの水量に応じて印を付けた容器を用意しておけば、毎回人工海水の重さを量る手間が省けて便利です

人工海水カタログ

※掲載はメーカー名の五十音順。表示の効果は情報提供メーカーによるもの

人工海水は、各社から様々なものが販売されています。基本的にはどの製品を使っても問題ありませんが、特徴はそれぞれ少しずつ異なるので、迷った場合はショップの店員さんに相談するのがおすすめです。いずれの製品も、適合水量が異なる数タイプのサイズを揃えているので、水槽サイズに応じて選ぶとよいでしょう

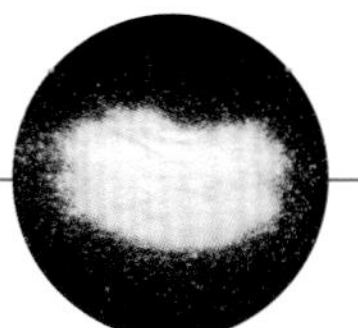

人工海水は、食塩をさらに細かくサラサラにしたような触感です

エムエムシー企画

コーラルプロソルト

サンゴの成長を持続、促進するのに必要とされる基礎成分（カルシウム、マグネシウム、炭酸塩）が、高いレベルかつ生物学的にバランス良く含まれています。サンゴ水槽、特にLPSとSPSサンゴの飼育やサンゴの養殖に最適です。

レッドシーソルト

紅海の天然海水を天日干しして、じっくり時間をかけて作られた人工海水。天然海水由来なので、わずかな微量元素まで均一に配合されています。主に海水魚、ソフトコーラル、SPSサンゴの飼育に向いている人工海水です。塩を溶かす水は、水道水よりもRO水や純水が推奨されています。

デルフィス

ライブシーソルト

すばやく溶ける使いやすさと、海水魚だけではなく、サンゴや甲殻類、その他様々な海洋生物の飼育においても最適に使用できるように、天然海水の成分構成にこだわった高品質な人工海水。水槽という閉鎖環境下での使用を考慮して、pH緩衝能力を強化しているのも大きな特徴です。また日本産の高純度な主原料を使用した国産品で、品質と安定供給にも配慮しています。塩素中和剤や重金属中和剤は必要なく、水道水でもRO水でも使用できます。

ナプコ リミテッド（ジャパン）

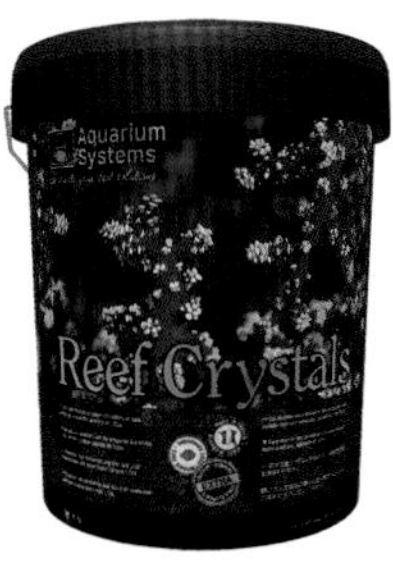

リーフクリスタル

リーフタンク専用に開発された人工海水。サンゴの骨格形成に必要なカルシウム、マグネシウムなどを強化しており、サンゴの成長に欠かせない基本成分はもちろん各種ビタミン、ミネラル、微量元素を独自のブレンド方法で、生体に吸収しやすいように高密度で配合してあります。また、サンゴだけでなく海水魚、シャコ貝、海草にも効果的です。

日本海水

シーライフ

いかにナチュラルな環境を提供できるかをテーマにした人工海水。独自の製法により、抜群の均質性と透明感、溶きやすさを備えた、あらゆる飼育シーンでとても使いやすい人工海水です。色々な生物の飼育に良好であることはもちろん、水質維持を担うろ過微生物にも正常に機能します。また、透明度が高く、製品の品質が長期間にわたって変化しないよう、保存性が高くなっています。

ボルクスジャパン

ブルートレジャー

サンゴ・無脊椎・海水魚などの海洋生物が必要とする成分をバランス良く配合し、超低栄養塩環境にも適したサンゴの成長を促す、理想的な高機能人工海水塩です。主に欧州向けに生産供給されている製品を基に、日本向けに成分を調整したオリジナル配合です。塩素中和剤入りなので、水道水にそのまま使用できます。

海水魚を購入する時のチェックポイント

海水魚を上手に飼うための基本は、なんと言っても、状態のよい個体を入手することです。どんなに立派な飼育設備を整えたとしても、個体選びをミスしてしまうと意味がありません。また、サンゴやイソギンチャクも状態のよい個体を選ぶのが基本ですが、その判別は経験を積まないと難しいので、店員さんに確認するとよいでしょう

文／円藤　清

スレ傷がある

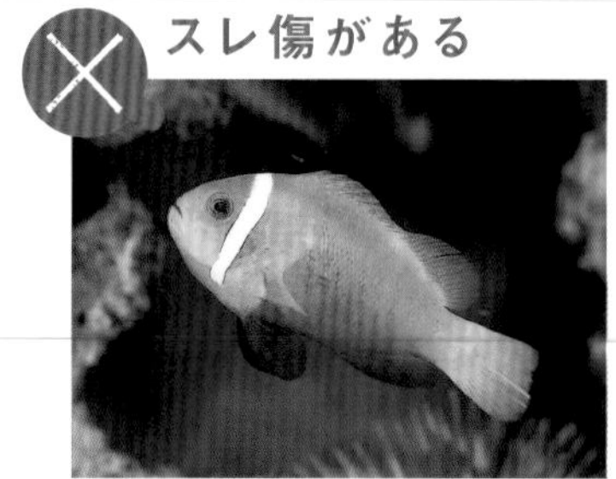

体側に赤くにじんだスレ傷が見られるハマクマノミ。治療することもできますが、避けるのが無難です

体表に白い粒

体表に、小さな白い粒の付いたクラウンアネモネフィッシュ。これは白点病などの症状であり、購入してはいけません

痩せている

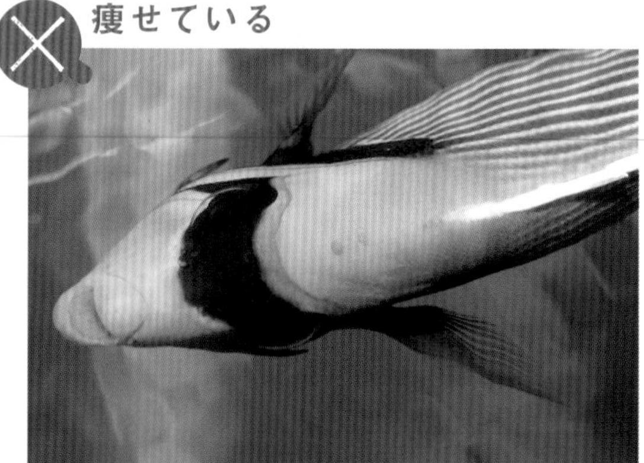

タテジマキンチャクダイは、本来はもっとがっしりした肉付きなのですが、この個体は痩せています。飼育技量が高ければ立て直すこともできますが、避けるのが無難です

■病気やキズの有無

海水魚の体表をよく観察し、白点病になっていないか、各ヒレが濁った色をしていないか、キズがないかをチェックしましょう。

■寄生虫のチェック

魚の眼球が白く濁って見える場合、体表にはハダムシなどの寄生虫が付いている可能性が高いです。お目当ての魚には付いていなくても、同じ水槽内の魚にその症状がある場合には、要注意。十分な淡水浴が必要になります。

■痩せてない？

海水魚は採集後、ストックされ輸送などを経て、ショップの水槽に並びます。ここまでに十分な餌を与えられていないと、衰弱した個体は痩せてしまいます。当然、極度に痩せた個体はNGですが、少し痩せている程度に感じる個体でも、海水魚の飼育に慣れるまでは避けたほうがよいでしょう。

■餌は食べる？

すでに何らかの餌を食べている個体は、調子が回復傾向にあるので、ひとまず安心と考えてもよいでしょう。ただし、何も食べる素振りを見せない個体は、要注意です。どれだけ気に入った個体がいたとしても、ショップで餌を食べるようになるまでは、購入は控えるのが無難です。

弱々しい

ヒレをたたみ気味で、目の生気もなく、見るからに弱々しい印象の個体（スカンクアネモネフィッシュ）です。このような個体の購入は避けましょう

入荷直後

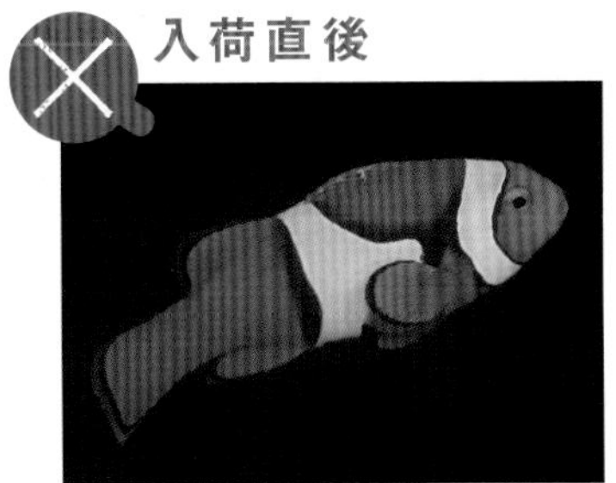

入荷してまもないクラウンアネモネフィッシュ。ヒレをたたみ気味で、肉付きもよくありません。このような個体は、しばらく経って状態が整ってから購入するようにしましょう

ヒレ欠け個体

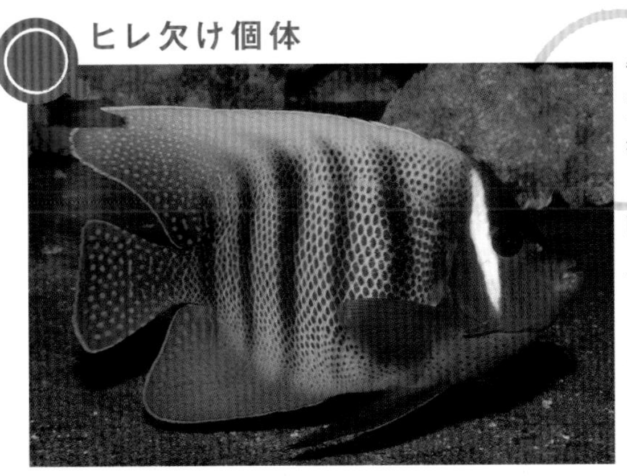

背ビレ後端の一部が欠けたロクセンヤッコ。ヒレの欠損は、欠け具合によっては治ることがありますし健康面とは関係ないことが多いので、肉付きや餌喰い、泳ぎ方などがクリアできていれば、購入しても問題ありません

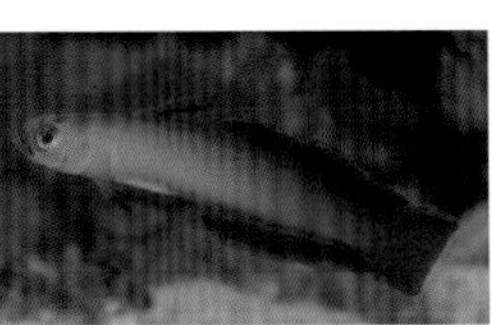

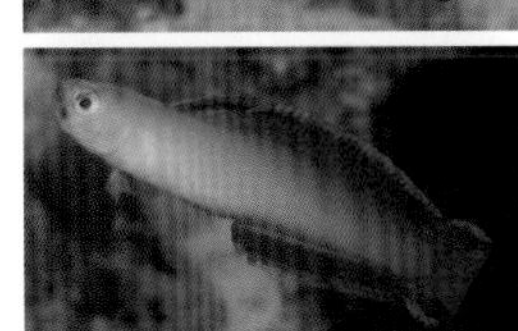

上は入荷して間もないアケボノハゼで、痩せ気味です。下は同じ個体の半年後の姿で、肉付きがふっくらしています。飼育に慣れてくれば、このように立て直すこともできるのですが、初めのうちは全ての面において状態のよい個体を選ぶのが基本です

　また、ショップで気に入った魚を見つけたら、店員さんに餌を与えてもらうのもよいでしょう。その場で食べるようであれば餌付いていることがわかりますし、何を食べるのかを確認することもできます。

■ 泳ぎや行動を観察しよう

　隠れてじっとしている習性の魚種は別として、普段は泳ぎ回る習性を持つ魚種の場合は、スムーズにゆったり泳ぐようであれば、どんな魚種でもまずまずの状態と考えてよいです。

　一方、水流に向かってふらふらと泳いでいたり、口がやや開きぎみである、ヒレをたたんでいる、尾ビレが浮きぎみ（頭部のほうが下がりぎみ）などの症状がある場合は、要注意です。その魚種にとって正常な泳ぎ方になるまで、購入は控えましょう。

■ 実際にたくさんの魚を目にしましょう

　海水魚のコンディションを判断するのは難しい面がありますが、まずは信頼できるショップを選び、実際にアドバイスを聞きながら魚を観察することが大切です。とにかく、たくさんの実物を見ることで、調子の善し悪しを見極められるようになるでしょう。

　また、いずれ飼育技量がアップすれば、少し状態が悪い程度の個体ならば立ち直らせることが可能になりますし、中には、調子が今ひとつの個体を手間暇かけて立ち直らせることに、醍醐味を感じているマニアもいるほどです。

購入した魚の様子をみよう

購入した魚は、すぐに飼育水槽へ泳がせたくなるものですが、焦りは禁物です。まずは、魚を落ち着かせたり、餌を食べさせたり、調子を観察するために、隔離してキープしましょう

文／円藤　清

水温合わせ

まずは購入時の袋のまま、隔離する水槽へ 20 ～ 30 分ほど浮かべて、水温を合わせます。袋内の水量が多かったり、袋内の水と水槽の水との水温差が大きいほど、時間をかけて行ないましょう

水質合わせ

水質急変によるショックを防ぐため、水質も合わせる必要があります。袋内の水ごとバケツなどの容器へ移し、そこへ隔離する水槽の水を少しずつ足していきます。元の水の倍量になったら容器内の水を半分捨て、もう一度同じようにくり返しましょう。写真は、エアチューブを使ってサイフォンの原理で注水しているシーンです。水質合わせが終わったら、容器内の水は捨てて、魚のみを水槽へ移します

■ 隔離して観察しよう

海水魚を購入してきたら、収容先の水槽に入れるための準備をします。状態が悪そうな魚に対しては、その前に別の容器でトリートメントを行なう必要があります。しかし、この段階でさらにトリートメントが必要な個体は、そもそも購入してはいけません。本来、薬浴や状態の立て直しなどはショップで行なわれるべきであり、アクアリストの自宅水槽では、「水温合わせ」と「水質合わせ」だけで済むのが理想なのです。

さて、状態のよい魚を持ち帰ったら、まずは「水温合わせ」と「水質合わせ」を行ないます。その後は、隔離ケースなどに入れて、魚を落ち着かせます。神経質に薬浴ばかりをくり返すと、魚の褪色を招いてしまうので注意しましょう。それを防ぐにはもちろん、薬浴が必要な個体を選んでこないことです。そのためにも、ショップ選び（個体選び）は重要なこととなるのです。

魚を落ち着かせるための隔離ケースは、狭すぎると魚へストレスを与えてしまいます。理想的なのは、魚が泳ぎ回れるくらい余裕があるスペースです。魚の状態に問題がなければ、ケースの中で餌を食べ始めるようになるでしょう。

隔離ケースには 3 ～ 7 日ほど収容して、様子を観察します。この間に異常が出た場合は、魚をバケツなど別の容器に移して、「グリーン F ゴールド」で薬浴する必要があります（病気治療についての詳細は 84 ～ 96 ページを参照）。

隔離ケースの活用

飼育水槽の中へセットする、専用の隔離ケースを使うとよいでしょう。また、写真下のように、水槽用のセパレータを使うのも手です。他には、隔離専用の水槽を用意するという方法もありますが、魚をメインの飼育水槽へ移動させる際には、水温と水質を合わせるようにしましょう

薬 浴

魚を隔離中に調子が悪くなった際には、「グリーンＦゴールド顆粒」を使って薬浴します。魚をバケツなどの容器に移し、薬を投与して、エアレーションしましょう。1日1回の全換水とその後の薬の投与を、治るまで（たいていは数日）続けます

淡水浴

ハダムシが付いていたため、淡水浴によって取り除いている最中のキングエンゼル。多数の白い粒は、魚の体表からはがれ落ちたハダムシです。本来は、このような作業が必要な魚は、購入しないようにします

イソギンチャクにも水質合わせを

購入後のイソギンチャクを袋内の水ごとバケツへ移し、飼育水槽の水を注いでいるシーン。魚だけでなく、イソギンチャクやサンゴ、甲殻類に対しても水質合わせは行ないたいところです。特にエビは水質急変に弱いので、欠かさないようにしましょう

魚へ餌を食べさせるためのコツ

餌を食べないと元気が出ないのは、人間も魚も同じです。まずは餌付けることが、その後の飼育を順調に進めるための課題になります。ショップの水槽では食べていても、環境が変わったことによって飼育水槽では食べなくなってしまうこともあるので、餌付け方のコツを覚えておきましょう

文／円藤　清

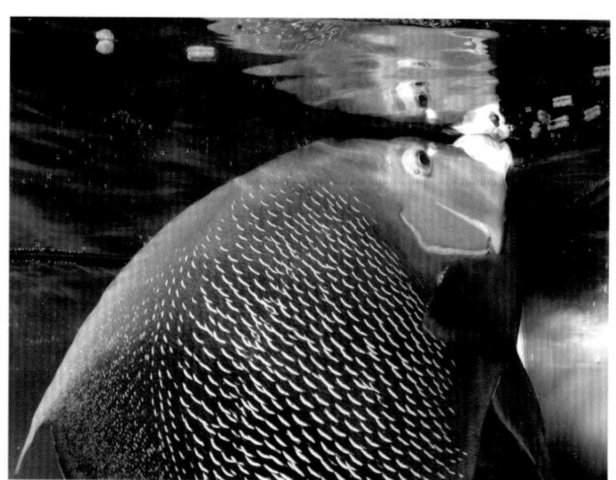

ペレットタイプの浮上性人工飼料を食べるフレンチエンゼル。このような大型魚には、ペレットタイプを中心に、いくつかの餌をミックスして与えましょう

粒の小さなペレットタイプを食べるクマノミ。魚のお腹がぽっこりするほどに、１日２～３回給餌するのが理想です

■ 餌付けまでの流れ

入荷直後の海水魚は、神経質になっています。そのため早期に餌付けるには、魚ができるだけ落ちつける環境を用意してあげることです。具体的には、岩や塩ビ管を利用して隠れ家を作ったり、照明や水温を魚の生息環境に合わせて調節してあげるとよいでしょう。つまり、魚にとってのストレス要因をできる限り排除することが、まず餌付け前の準備として必要なのです。

魚の行動が落ち着いていたら、餌を与えてみましょう。最初は、少量の人工飼料を試してみます。食べなかった場合、餌は水面に浮かんだり、水槽の底に沈んだままになっています。数時間ほど様子を見て、状況に変化がなければ（食べる様子がなければ）、残餌はホースなどで吸い出します。

次に与える餌としては、魚種にもよりますが、コペポーダやホワイトシュリンプなど嗜好性の高いものがよいでしょう。空腹な個体であれば、この時点で餌付く確率は高いはずです。チョウチョウウオ類には、活きアサリを殻を開いた状態で与えてみます。

餌付けに成功したら、ひとまずは魚が食べてくれる餌を１日２～３回ほどコンスタントに与え、魚の調子を安定させます。食べる餌の量によってはフンがたくさん出て水質が悪化するので、換水する必要があります。

魚が積極的に餌を食べるようになったら、人工飼料を混ぜて与えるようにします。そこで選り好みしなくなれば、餌付けることができたと考えてよいでしょう。

様々な人工飼料

主流となるのが、給餌や保存が楽な人工飼料です。各メーカーから多数の製品が発売されており、ここで取り上げたのはその一部です。浮上性と沈下性とがあり、さらに形状はペレットやフレーク、またはそれらが混ざったものなどにわけられます。購入時には、魚の口の大きさや習性に合わせて選びましょう

ペレットタイプ

小さな丸い粒状のものから、細長い棒状のものまでが揃っています。肉食性、または草食性の魚向けなど、様々な製品が揃っています

デル マリンフード EX S 粒（デルフィス）

SURE Sタイプ（日本海水）

フレークタイプ

薄い皮膜状で、水に浸すと柔らかくなるものが多いです。大型魚よりは、小〜中型魚への餌に適しています

マリン・フレーク（ナプコ リミテッド（ジャパン））

ミックスタイプ

ひとつのパッケージで、ペレット、フレーク、乾燥ブラインシュリンプなど（製品によって異なります）がミックスになったものです

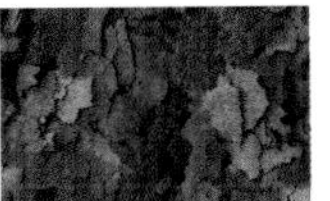

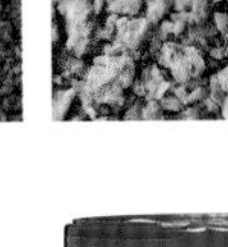

テトラ マリン メニュー（スペクトラム ブランズ ジャパン）

冷凍飼料

嗜好性が高いものが多く、消化吸収もよいので、魚の排泄物が極端に水質を悪化させることが少ないです。一度解凍させたものは栄養が落ちてしまうので、再び凍らせて使用しないほうが無難です

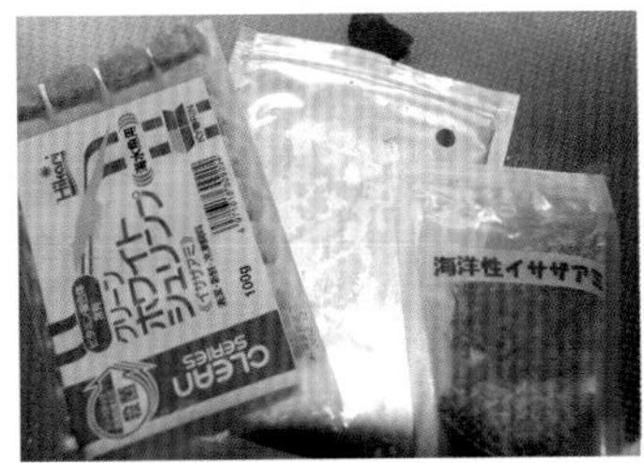

海水魚用の冷凍飼料には、ホワイトシュリンプ（イサザアミ）やコペポーダ（写真中央）など、いくつかが揃っています。魚が食べるのであれば、何タイプかを交互に与えるのもよいでしょう

殻を開いた活きアサリ

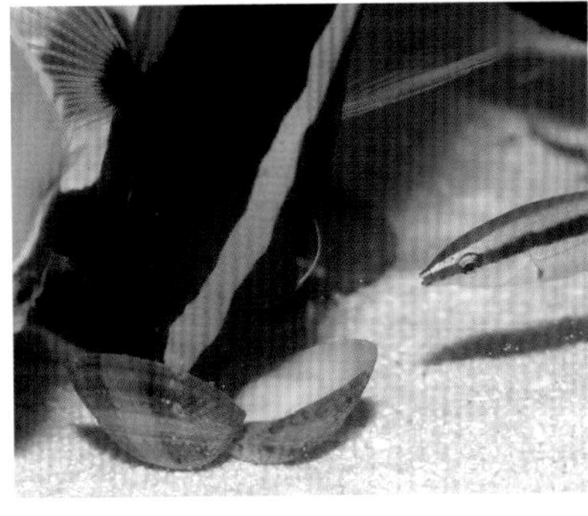

殻付きのアサリを食べるアカククリ。活きアサリはチョウチョウウオ類、神経質なキンチャクダイ属などの餌付けに有効です。冷凍アサリに比べても、魚の食いつきは明らかに上です

日頃のメンテナンス ～コケ取りと水換え～

マリンアクアリウムを始めたからには、いつでもきれいな水槽を眺めていたいもの。しかしどうしても、コケが発生したり、水が汚れてきてしまいます。そこでここでは、日頃のメンテナンスとして欠かせないコケ取りと水換えについて、解説しましょう

文／円藤　清
イラスト／いずもり・よう

水槽のメンテナンス

1

新しい海水を作る

湯沸かし器やヒーターを使って、水温を25℃程度（水槽と同じ水温）に調節した水をバケツなどに用意し、規定量の人工海水を溶かしておきます

2

コケを掃除する

水槽の壁面やライブロックなどに付いたコケを、ウールマットや専用スクレーパー、スポンジなどを使って落とします。魚は水槽に入れたままで問題ありませんが、飛び出しには注意しましょう

3

水槽から水を抜く

フィルターのコンセントを抜き、水換えホースを使って水槽から水を抜きます。また、ヒーターが露出するほどに水を抜く場合は、ヒーターのコンセントも抜いておきます。排水の際には、コケ掃除で水中で舞ったゴミも、なるべく吸い出します。排水用のバケツは、新しい海水を用意したバケツと同じ大きさを用意しておくと、水を抜きすぎる心配がありません

4

新しい海水を入れる

あらかじめ作っておいた海水を、水槽に注ぎます。バケツが大きくて持ち上げるのが大変な場合は、水中ポンプやバスポンプを利用するとよいでしょう。フィルターのコンセントを差し込み、フタを閉めたら完了です

■ コケ取りの方法

水槽内の水質の変動の様子は、飼育生物やその数、与えている餌の量、設備によって大きく異なります。セットアップ後、魚に餌を与えるようになってしばらくすると、水槽の内壁にはうっすらと茶ゴケが付くようになります。こうしたコケは放置しておくと水槽内が見えなくなってしまうため、ウールマットなどでできるだけこまめに拭き取ります。

コケを拭き取る際には、ウールマットで包み込むようにして、できるだけコケが舞い散らないようにするのがポイントです。コケが発生する原因は、底砂などのバクテリアの定着が不十分であったり、魚からの排泄物が多い場合が考えられるので、コケの発生が早い場合には換水すると効果的です。また、水槽内にサンゴ類がいなければ、照明を控えめにするだけでコケの抑制につながります。

他には、コケを食べる魚を入れることで、水槽内をきれいに保つ方法もあります。特に強い照明を設置するサンゴ水槽では、ハギ類やヤエヤマギンポなどの存在は、コケ対策に効果的です。

これらの魚を入れる場合は、あえて無給餌で飼育すると、水槽内に不要な栄養塩が持ち込まれることがなくなるので、さらにコケが生えにくい、サンゴを飼育しやすい環境を維持することができるのです。

またショップでは、コケの発生防止に効果のある水質調整剤や、コケを食べてくれる貝の仲間も入手できるので、試してみるとよいでしょう。コケ取り

きれいなアクアリウムを楽しもう

人為的にコケを取るには、ウールマットなどを使う方法があります

ライブロック表面に付着したコケを食べるハギの仲間。ハギ類の他には、ヤエヤマギンポもコケ取りに活躍してくれます

コケ取りに活躍してくれる貝

水槽壁面のコケを食べてくれるシッタカ

底床のコケを食べてくれるマガキガイ。いずれの貝もショップで入手できます

コケ対策用の水質調整剤

最も発生しやすい茶ゴケの除去抑制に効果のある製品も、各メーカーから販売されています。写真は「茶ゴケキラー」（松橋研究所）

写真の「赤ゴケキラー」（松橋研究所）は、べっとりとした赤ゴケの除去抑制に効果のある製品。ショップでは他にも、コケの発生要因となるリン酸を吸収してくれるものなども入手できます

貝は、見た目や動きがかわいらしく、観賞面でも楽しめます。

■ 水換えのポイント

海水水槽の換水量や換水の頻度は、水槽によって、あるいは飼育生物によって異なります。こまめに水質をチェックしたり、水槽の大きさや生物の種類、数などに応じて、その水槽に適した換水スタイルを早くつかむようにしましょう。

水槽の水量や水をきれいにするための設備に対して、魚を多く入れすぎたり、餌を与え過ぎると、水中のアンモニアや亜硝酸の値が上昇し、魚にとっては大変危険な状態になります。そうした場合は、大量換水が必要になります。大量換水とは文字通り、大量の海水を一気に換水することです。したがって、大きな容器に新しい海水を準備しておかなければなりません。

新しい海水は、人工海水を6時間ほど撹拌しておき（撹拌する時間は製品によっても異なる）、水温も調整しておきましょう。水換え作業は、ホースと水中ポンプがあれば簡単に行なえます。

換水時にはコケを掃除したり、底砂に溜まった汚れをホースで吸い出した後に換水をするとよいでしょう。換水は、水槽が汚れてからではなく、定期的に行なうことが何よりものポイントです。また、水槽に付いた塩も、日頃からこまめに掃除しておきましょう。

クマノミ類の飼い方

海水魚の中でも、特に人気なのがクマノミの仲間たち。その飼い方や共生相手のイソギンチャクについても触れていきます

文／円藤　清　撮影／円藤　清、橋本直之　イラスト／いずもり・よう

クマノミ類の中でも、最も人気の高いカクレクマノミ。かわいいだけでなく、丈夫で飼育が容易なのも魅力です。クマノミ類は、比較的どの餌にも餌付きやすいです。人工飼料と冷凍飼料（ホワイトシュリンプ、コペポーダなど）をバランス良く与えるとよいでしょう（P／橋本）

クマノミ類は、メスのほうが大きくなるのが特徴です。このペアは、左がオス、右がメスです

水槽の大きさ

クマノミ類は、基本的には丈夫で飼育しやすい魚です。小さな幼魚であれば、小型水槽での飼育も楽しめますが、成長すると全長7～8cm、大型種のハマクマノミやトウアカクマノミでは全長12～14cmほどになるので、将来的には容量100 ℓ以上の水槽が必要です。幼魚のクマノミを長期間小さな水槽で飼育していると、ストレスから成長不良をきたしたり、吻先がつぶれて顔付きがいびつになるなどの弊害が見られるので注意しましょう。

さらに、クマノミ類の共生パートナーであるイソギンチャクも一緒に飼育するとなると、よりスペースに余裕のある水槽を用意しなければなりません。クマノミ飼育の楽しみ方にはいろいろなスタイルが考えられますが、最終的には本来の姿である共生シーンを目標に飼育設備を整えたいものです。

入手時の注意

入荷直後のクマノミは調子が不安定で、病気に罹りやすい傾向にあります。クマノミ類は他の海水魚とは違った皮膚の構造でイソギンチャクの刺胞毒から身を守っていますが、環境変化により調子を崩しやすい特徴があります。同一水槽に病気の魚が現れると、すぐに感染してしまうのもクマノミならではです。したがって、入荷直後の時期を乗り越えられれば、抵抗力が安定し長期飼育も可能になります。

購入時には、お目当ての個体はもちろん、同じ販売水槽内に病気の個体がいないかも、慎重に見極める必要があります。クマノミ類が罹りやすいウーディニウム病の初期症状は、泳ぎにキレがなく、各ヒレをたたんで一定方向を向いたまま泳ぐというものです。そのような状態の悪い個体がいない水槽で、餌を食べに水面まで積極的にくる個体がいれば、入手しても安心です。

クマノミ類の性転換

一番手はメス
1
コロニー内で最も大きな個体が性転換し、メスとなります
二番手はオス
2番目に大きい個体はオスで、メスとペアを組みます。一番手（メス）が死ぬと、この個体がメスへ性転換します
2
三番手
3
一番手が死に、二番手がメスに性転換すると、この個体がオスとして二番手とペアを組みます

クマノミ類は、性転換することでも有名です。生まれたときは皆オスで、その中から最も大きな個体がメスになることから「雄性先熟」と呼ばれます。一夫一婦制で繁殖を行なうクマノミ類の場合、メスが大きいということは、それだけ多くの卵を産むのに有利になります。クマノミ類の卵はイソギンチャクの脇の岩陰や小石などに生みつけられ、ふ化まではオスが面倒を見ます。メスはその間、次の産卵に備えて餌を食べて体力を整えます。メスが大きいことで、クマノミ類の繁殖能力は高まっているのです。

水槽内繁殖も楽しめる！

クマノミ類は、水槽内で繁殖可能なのも魅力です。写真は、水槽壁面に産卵中のレッドアンドブラックアネモネフィッシュ

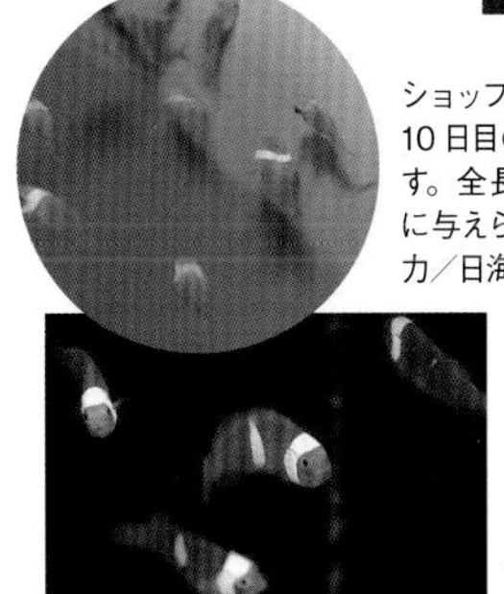

ショップの水槽内で繁殖した、ふ化後10日目のペルクラクラウンフィッシュです。全長8mmで、餌はワムシをメインに与えられています（2点とも、撮影協力／日海センター、P／橋本）

ふ化後1ヵ月で全長12mmほどに成長し、ブラインシュリンプを食べるようになりました。本種らしい白いバンドも現れ始めています

いずれは繁殖も？

イソギンチャクと共生を始めたクマノミは、落ち着いてくると、イソギンチャクの触手を刺激したり、時おりイソギンチャクのために餌を運んできたりと、興味深い生態を見せてくれます。

またクマノミ類は、ペアで飼育していれば、水槽内での繁殖も夢ではありません。中でもカクレクマノミは、クマノミ類のみならず、海水魚全体の中でも、水槽内繁殖例が多いことで知られています。

クマノミはペア販売もされていますが、複数飼育する幼魚の中からペアを得ることもできます。クマノミ類は体が大きいのがメスで、小さい方がオスになります。この差が特に顕著なのがハマクマノミやスパインチークアネモネフィッシュで、メスは体色が黒化し、大きさも倍以上になることがあります。

イソギンチャクの選び方

イソギンチャクの飼育は、種によって難易度が異なります。簡単なのは、サンゴイソギンチャクやタマイタダキイソギンチャク、ロングテンタクルアネモネ（L.T）などで、シライトイソギンャク、ハタゴイソギンチャクが続きます。しかし、これはあくまで目安であって、イソギンチャクを上手に飼えるかどうかこそ、入荷直後の状態がすべてと言えます。たとえば、飼育の難しいハタゴイソギンチャクであっても、よい状態で入荷した個体であれば、長期飼育は可能です。そのように、重要なのは入荷時の状態を見極めることです。あるいは、信頼のおけるショップから、トリートメント済みの個体を入手できれば理想的と言えるでしょう。

クマノミとイソギンチャクの組み合わせには、相性があります。人気のカクレクマノミはセンジュイ

クマノミ水槽例 1　にぎやかな混泳を楽しもう

撮影／橋本直之

白い飾りサンゴを配し、カクレクマノミとカラフルな魚たちを混泳させたレイアウト。混泳相手には、小型で丈夫、そして協調性がよい魚とエビを選びました。飼育にコツが必要なイソギンチャクはあえて入れていないので、維持しやすく、初心者の方にもおすすめの例です

DATA

水槽：41 × 25 × 38（高）cm
ろ過：外部式フィルター
照明：13W 蛍光灯
生物：カクレクマノミ× 2、マンジュウイシモチ× 3、シリキルリスズメダイ× 8、コガネキュウセン、スカンクシュリンプ

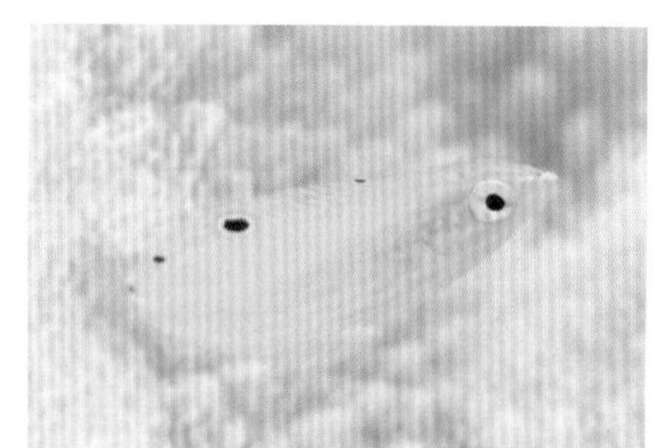

レモンイエローの体色が美しいコガネキュウセン。温和な魚で、夜は砂に潜って眠ります

ソギンチャクやハタゴイソギンチャクに好んで共生しますが、サンゴイソギンチャクやタマイタダキイソギンチャクにも共生することがあります。好みのイソギンチャクに優先的に共生する、と考えればよいでしょう。

イソギンチャク飼育のポイント

イソギンチャクの飼育には、適度な照明が必要です。同時にミネラルバランスが整った海水をキープすることも大切なので、サンゴ水槽のような定期的な換水がポイントになります。

イソギンチャクの調子は、体を大きく膨らませ、触手をよく伸ばしていれば、ひとまずは良好と考えられます。一方、体や触手を萎ませて、口が開いてしまった個体は、すぐに水槽から取り出したほうがよいでしょう。水槽内でイソギンチャクを死なせてしまうと、水が大量に汚れてしまい、大量換水しなければならないからです。

イソギンチャクの中でも、水槽内をよく移動してしまう気まぐれなセンジュイソギンチャクやハタゴイソギンチャクを飼育する場合には、シンプルなレイアウトを心掛け、ポンプの吸水口にはスポンジフィルターを付けて、イソギンチャクが吸い込まれないようにします。

イソギンチャクが気に入る場所は種によって異なりますが、いずれも適度な光と水流が大切な要素と言えます。

クマノミ水槽例 2　丈夫なイソギンチャクと楽しむ

撮影／円藤　清

DATA
水槽：41 × 25 × 38（高）cm
ろ過：外部式フィルター + 外掛け式フィルター
照明：13W 蛍光灯 + LED ライト
冷却装置：小型水槽用のベルチェ式冷却装置
生物：クマノミ× 2、ウスカワイソギンチャク、サンゴイソギンチャク

イソギンチャクは水槽内を移動するので、フィルターに吸い込まれないよう、吸水パイプには専用スポンジをセットしました

サンゴイソギンチャクやウスカワイソギンチャクは、価格も手頃で初心者向きの種です。3～4個体を入れると、ボリュームが出て見応えがあります

クマノミ（モルディブ産）と、イソギンチャクの中では丈夫なサンゴイソギンチャクとを組み合わせた飼育例。たくさん魚を入れると、そのぶん水が悪化しやすく、クマノミはまだしもイソギンチャクには悪影響なので、クマノミ１ペアに抑えました。また、小型水槽は水量が少ないぶん、水温が上昇しやすいことも注意したい点です。イソギンチャクは高水温に弱いので、この例では水槽用の冷却装置を用いて、水温26℃以下に抑えています

外掛け式フィルターはろ過能力をアップさせる目的以外にも、水面の油膜取りと、水槽内に水流をつけるために設置しています

クマノミ水槽例3　大型種には余裕あるスペースを

撮影／円藤　清

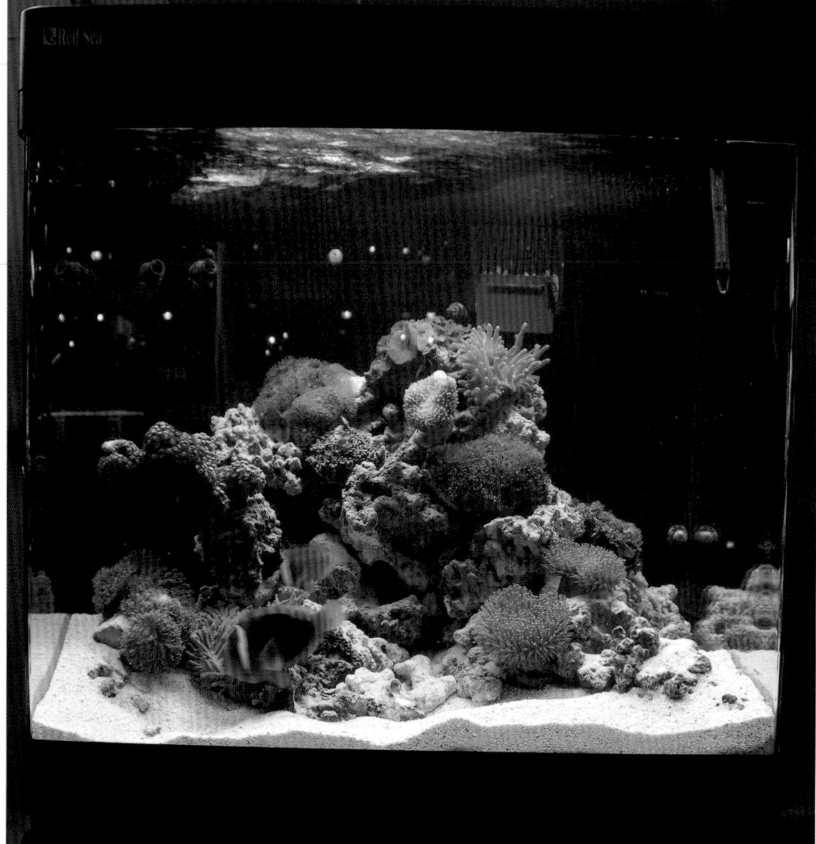

DATA

水槽：レッドシー MAX130D
61 × 50 × 60.5（高）cm
照明：T5 蛍光灯 55 w× 2 灯
器材：プロテインスキマー内蔵
水温：25℃（水槽クーラー使用）
生物：ハマクマノミ（ペア）、サンゴイソギンチャク、スターポリプ、ディスクコーラル、ウミキノコ

照明や循環システムなど、飼育に必要な機能がひとつにまとめられたオールインワン水槽です。水量が多いので、大型のハマクマノミも余裕で飼育できます

ライブロックを汲み上げ、多数のイソギンチャクも収容したレイアウトです。魚はハマクマノミ1ペアのみなので、遊泳スペースは十分にあります

ハマクマノミは、大きなメスほど体色が黒褐色化します

クマノミ 図鑑

かわいらしさはもちろん、丈夫で飼いやすい種が多いクマノミたち。さらに、イソギンチャクに共生するという変わった習性も、大きな魅力です。好むイソギンチャクは、クマノミの種類によって異なります。37ページのイソギンチャク図鑑、102～103ページの図鑑と併せてご覧ください

撮影／円藤 清

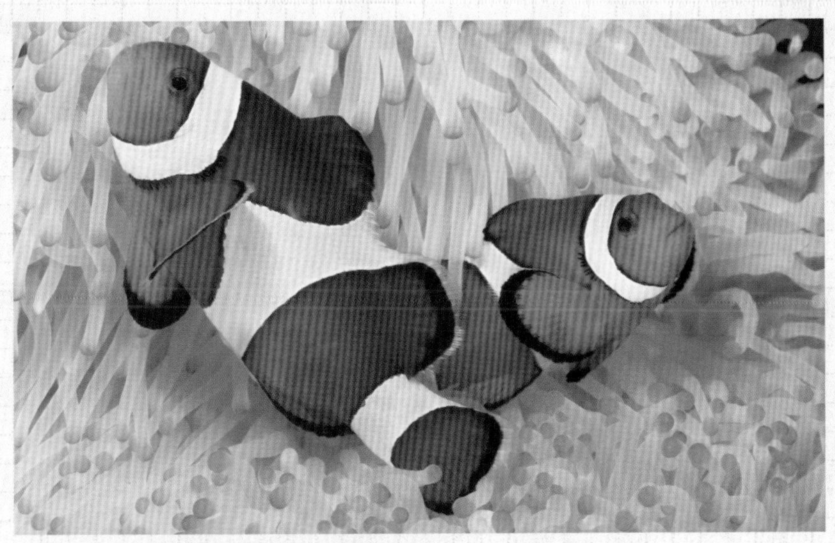

カクレクマノミ

Amphiprion ocellaris

分布：西部太平洋
全長：8cm

古くからポピュラーな種で、鮮やかなオレンジと白の配色が特徴です。飼育は容易ですが、より美しく育て上げるには、飼育スペースや栄養に配慮してあげましょう。水槽内での繁殖も可能で、また近年では、ブリード個体の流通が増えてきました。ハタゴイソギンチャクやセンジュイソギンチャクに共生します

ブラックオセラリス

Amphiprion ocellaris var.

分布：オーストラリア・ダーウィン
全長：8cm

カクレクマノミの地理的変異個体です。主に、オーストラリアでのブリーディング個体が流通しています。黒と白の配色から、精悍な印象もあるクマノミです

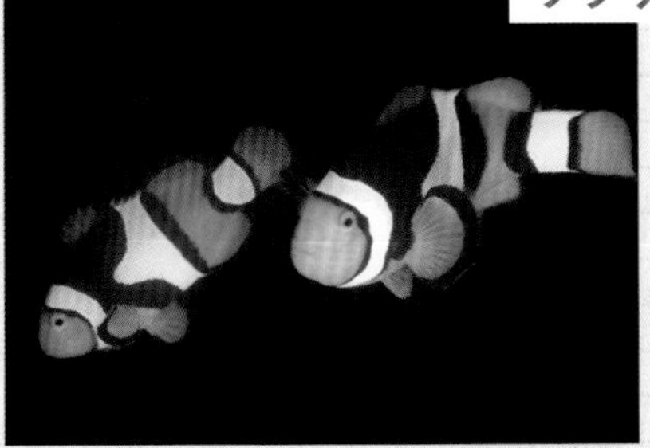

クラウンアネモネフィッシュ

Amphiprion percula

分布：東部インドネシア、パプアニューギニア、グレートバリアリーフ
全長：8cm

カクレクマノミによく似た種で、「ペルクラ」とも呼ばれています。白いバンドの模様や黒の面積には、個体差があります。イソギンチャクはハタゴやセンジュを好み、丈夫で飼育は容易です

クマノミ

Amphiprion clarkii

分布：インド洋～中・西部太平洋
全長：14cm

一般に“クマノミ”というと、本種を指します。国内では、伊豆半島付近でも南方付近から流されてきた個体が観察できます。大型のシライトイソギンチャクやアラビアハタゴイソギンチャクに共生していることが多いです

ツーバンドアネモネフィッシュ

Amphiprion bicinctus

分布：紅海
全長：12cm

比較的よく見られるクマノミで、体色は成魚になるにつれ茶褐色になっていきます。イソギンチャクは、アラビアハタゴ、サンゴ、シライトなどを好みます

ハナビラクマノミ

Amphiprion perideraion

分布：西部太平洋、フィジー
全長：8cm

ピンクがかった体色、背中や頬の白いラインなどから、繊細な印象を持つクマノミです。この体色や模様は、共生するセンジュやシライトなどのイソギンチャクの色によく同化し、目立たなくさせる効果があります

レッドサドルバックアネモネフィッシュ

Amphiprion ephippium

分布：アンダマン海
全長：12cm

全身がトマトのような鮮やかな赤に染まります。また、ボディの後方には黒い斑が入るのも特徴です。幼魚期には白い帯がありますが、成長につれ消失します。好むイソギンチャクは、タマイタダキやサンゴなど

スパインチークアネモネフィッシュ

Premnas biaculeatus var.

分布：西部太平洋
全長：14cm

メスが大型化しやすい傾向があります。写真の個体は､｢イエローバンド｣と呼ばれる帯が若干黄色みがかるタイプ（別種となる可能性もあります)。タマイタダキ､サンゴ､センジュなどのイソギンチャクを好みます

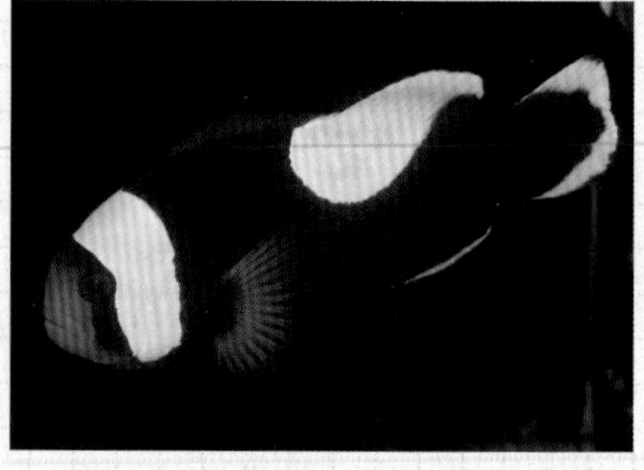

トウアカクマノミ

Amphiprion bicinctus

分布：西部太平洋、パプアニューギニア
オーストラリア
全長：14cm

クマノミ類の中ではやや細長い体形を持ち、２本目の白帯は腹部まで達せず、背ビレの後方に伸びるのが特徴です。イソギンチャクは、ハタゴ、イボハタゴなどを好みます。英名はサドルバックアネモネフィッシュ

ハマクマノミ

Amphiprion pfrenatus

分布：西部太平洋
全長：15cm

雌雄で体格差が生じやすい種で、メスは大型化や褐色化するのが特徴です。サンゴ礁では、同じく群生化するタマイタダキイソギンチャクに共生し、群落を作ることがあります

イソギンチャク図鑑

イソギンチャクの飼育難易度は、種類によって異なります。ここでは、代表的なイソギンチャクを取り上げ、飼育のポイントについて触れてみましょう

撮影／円藤 清

サンゴイソギンチャク

特に相性のよいクマノミ：
クマノミ、ハマクマノミ

最も飼育の容易なイソギンチャクです。個体は直径 10 ～ 13cm と小型で、調子が安定していると分裂して殖えていきます。活発に増殖させるにはメタルハライドランプなどの明るい照明が必要ですが、蛍光灯でも長期飼育が可能です

タマイタダキイソギンチャク

特に相性のよいクマノミ：
クマノミ、ハマクマノミ

サンゴイソギンチャクと同様の環境で飼育できますが、本種のほうが若干強い光を必要とします。直径 20cm ほどに成長するので、サンゴイソギンチャクよりも大きな水槽での飼育に向いています

センジュイソギンチャク

特に相性のよいクマノミ：
カクレクマノミ、ハナビラクマノミ、セジロクマノミ

比較的平坦な岩の表面や、日当たりが良く、適度な水流のある場所に定着します。清浄な水質の安定した環境と、強い光を必要とします。大型水槽では、直径 80cm 以上にまで成長することもあります

ハタゴイソギンチャク

特に相性のよいクマノミ：
カクレクマノミ、ハナビラクマノミ、セジロクマノミ

カクレやトウアカなどのクマノミが、好んで共生するイソギンチャクです。基本的には砂中の岩盤に定着し、刺激を受けたときに砂の中に潜れるような環境を好みます。メタルハライドランプのような、強い光を必要とします

シライトイソギンチャク

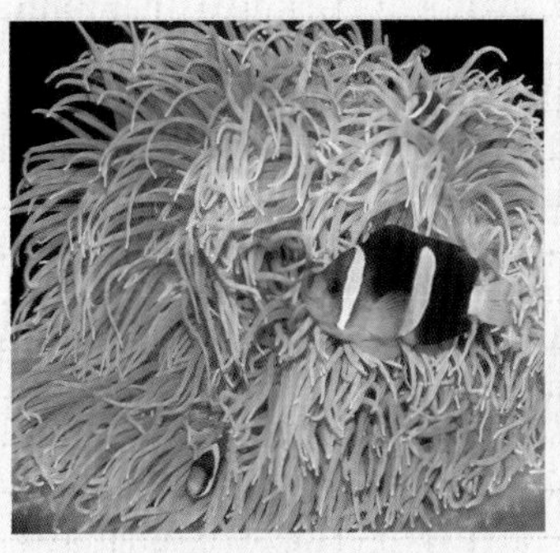

特に相性のよいクマノミ：
カクレクマノミ、ハナビラクマノミ、セジロクマノミ

流通量が多く入手しやすい種で、主に岩と底床の間に好んで定着します。触手が長く、全体のボリュームがあるので、できるだけ大きな水槽で飼育すると好結果が得られます。一度定着すると移動しにくいので、サンゴをレイアウトした水槽にも導入可能です

ヤッコ類の飼い方

海水魚飼育の歴史の中でも、古くから親しまれているのが、ヤッコの仲間です。全長10cm未満の小型種から、30cmを超える大型種までが存在し、美しい色彩とフォルムで楽しませてくれます。ここでは、大型と小型とに分けて、飼育方法を解説します。様々なヤッコ類のカタログは、42～45ページをご覧ください

文・撮影／円藤　清

成長著しいサンゴのすき間を泳ぐのは、その美しさから人気の高い大型ヤッコ、コンスピキュアエンゼルフィッシュ

大型ヤッコ

大型ヤッコのためのろ過システム

大型ヤッコの飼育において、最も適しているろ過システムは、「オーバーフローシステム」です。このシステムは、水槽とろ過槽が分かれているため水槽内が広く使えることと、水槽内の生物を取り出さなくてもろ材を掃除できるのが利点です。よって、大きく成長し水を汚しがちな大型ヤッコには、最適と言えるでしょう。

大型ヤッコの餌と与え方

市販の人工飼料や冷凍飼料、アサリのむき身や海苔などが適しています。これらを常備しておけば、どんな場合でも対処できます。通常は人工飼料を中心にし、栄養面を考慮して生餌も併用すると効果的です。

市販の人工飼料には数タイプありますが、魚によって好みがあります。好んで食べる銘柄がいくつかある場合には、それらをミックスさせてもよいでしょう。粒の大きさについては、大型個体だからといって大粒の餌ばかりを与えるのは問題です。調子を崩すとフン詰まりを起こす恐れがあるからです。

たいていの大型ヤッコは比較的早期に餌付けることができますが、中には採集時や輸送のストレスによって拒食症になってしまう個体もいます。そうした個体は、餌付けるのもひと苦労です。まずは落ち着ける環境に収容し、しばらく様子を見ます。ストック用の水槽には小型のスズメダイやスカンクシュリンプなどを入れておくと、大型ヤッコの警戒心を解く助けになるとともに、残餌処理にも役立ってくれます。

大型ヤッコの水槽にハナダイ類を混泳させると、餌の食べ残りが少なくなります。写真の大型ヤッコは、成魚への体色変化が始まったタテジマキンチャクダイ（全長12cmほど）

餌付けが難しい種としては、ニシキヤッコやスクリブルドエンゼル、イエローテールエンゼルなどのキンチャクダイ属の成魚などが挙げられます。これらの種はいきなり人工飼料を食べてくれることは少ないので、痩せ始める前にアサリや冷凍飼料などで餌付けるようにしましょう。

餌付けが順調に進みガツガツと餌を食べ始めるようになったら、いくつかの餌を混ぜたり、日替わりでメニューを考えてあげるとよいでしょう。魚も人間と同様にひとつの餌では飽きてしまう傾向があり、そうなると食欲が落ちてきます。栄養バランスの面からも、色々な餌に慣らしておくことは重要です。

魚に与える餌の量は１日に何回給餌するかによっても異なりますが、残餌が出ないよう３〜４分程度で食べきれる量が適しています。１日に３回以上給餌できる場合は、それより若干少なめでもよいでしょう。

クイーンエンゼルにおいては、普通に飼育していたのではブルーの発色が失われて、黄色くなってしまいます。これを防ぐには、海苔や海草類を中心の餌を与えるのがポイントです。

大型ヤッコ同士の相性について

大型ヤッコは個々になわばりを作る習性があるので、狭い水槽内で混泳させる場合には注意が必要です。特に気が強いのはタテジマキンチャクダイで、同サイズのヤッコはいじめられてしまう場合が多いでしょう。したがって、タテジマキンチャクダイの混泳相手には、より大きな個体を選ぶのがポイントです。混泳相手を先住させておくという方法もありますが、タテジマキンチャクダイが環境に慣れてくると形勢が逆転する場合が多くあります。

他には、混泳相手を増やして攻撃先を分散させるという手もあります。ただしそれには、より広い水槽が必要になってきます。

その他、サザナミヤッコ属とホラカントゥス属は、基本的に体のサイズで優劣が決まります。シテンヤッコやキンチャクダイの仲間、ニシキヤッコは、それらよりも温和なので、混泳の際はサイズが大きくなるようにするか、先住者にして水槽環境に慣らしておくのがポイントです。しかし、キンチャクダイの仲間は大きいと餌付けるのが大変なので、ストレスを与えてしまう恐れがある混泳スタイルは、あまりおすすめできません。

大型ヤッコを混泳させると、魚には常にストレスを与えてしまうことになるので、日頃から魚の上下関係をよく観察し、衰弱した魚がいたら他の水槽へ移すなど適切な対応が必要です。

クイーンエンゼル、ゴールデンスポッテッドエンゼルなどの大型ヤッコと、スミレヤッコ、フレームバックピグミーエンゼルなどの小型ヤッコとが、上手に混泳している例です。水槽が180×60×60cmと大きいことや、多数のサンゴ類が小型魚の隠れ家になっていることなどが、ポイントです

小型ヤッコ

小型ヤッコの餌

小型ヤッコは、グループごとに食性が若干異なります。丈夫で餌付けやすいのは、フレームエンゼルやルリヤッコ、アフリカンピグミーエンゼルなどのクシピポプス亜属の仲間です。このグループは主に雑食性で、餌がないと水槽壁面や岩に付く藻類さえも餌にします。もちろん、それだけでは栄養バランスが悪いので、飼育下では人工飼料を与えるようにします。なお、最初から人工飼料を食べることも、珍しくありません。

これに対してケントロピーゲ亜属は、藻類はあまり食べず、浮遊する動物性プランクトンやサンゴのポリプを主食としています。レモンピールやソメワケヤッコはポピュラーな種ですが、入荷直後の個体では、頑なに餌を食べないことがあります。こうした個体は、ある程度サンゴがつつかれるのは仕方ないと割りきって、サンゴ水槽に収容するのも手段のひとつ。人工飼料に餌付くまでは、サンゴの表皮やライブロックの付着物を食べさせて、体力を回復させるのです。

収容する水槽がサンゴ水槽でない場合、たとえば底砂のないベアタンクでも、ケントロピーゲ亜属の小型ヤッコを餌付かせることは十分可能です。ただし、のんびりしていると魚が痩せてきてしまうので、冷凍コペポーダなど嗜好性の高い餌を使って、早めに餌付けることがポイントです。

口が小さい小型ヤッコは、比較的細かい餌に餌付きます。ベアタンクで飼育を始める場合には、魚が隠れられるような岩などがあると、魚のストレスが軽減されます。

また、先住魚がいて小型ヤッコを威圧する場合は、魚がストレスを感じてしまい、餌付けが進みません。反対に、先住魚に協調性があり、小型ヤッコに対しては無関心で餌を食べていると、小型ヤッコもつられて食べ始めることがあります。いずれにしても、なるべくストレスがかからない環境で餌付けを行ないましょう。

魚が水槽に慣れて落ち着きを取り戻すと、辺りをつつき始めます。そうなれば、餌付く日も近いと考えてよいでしょう。

グループによる飼いやすさの違い

小型ヤッコの中でも飼育しやすい種はフレームエ

ンゼルやアカハラヤッコ、ルリヤッコ、アフリカンピグミーエンゼルなどです。これらをはじめ、クシピポプス亜属に分類される種は、餌付けに手間取ることが少なく、人工飼料にも餌付けやすいことから入門種としておすすめできます。他には、やや高価ですがココスピグミーエンゼルも、丈夫で飼育しやすい種です。

一方、ケントロピーゲ亜属に含まれるレモンピールやソメワケヤッコは、餌を食べ始めるまでに多少時間がかかることがあります。アブラヤッコやオハグロヤッコも、最初から人工飼料を食べる可能性は低いでしょう。これらは手頃な価格で入手できる種ですが、痩せている個体が多く、飼育には多少手間がかかります。

スミレヤッコやシマヤッコなどのパラケントロピーゲ属の仲間は、神経質で餌喰いが細い面があるため、さらに飼育難易度は高くなります。まずは、できるだけ状態のよい個体を入手することが大切です。

小型ヤッコと相性のよい魚

購入してきた小型ヤッコを餌付ける際に、単独で飼っていると警戒してなかなか岩陰から出てこないことがあります。そんなときは、一緒にハタタテハゼやニセモチノウオ、クジャクベラ、キイロハギなど、餌付けに苦労しない魚を混泳させると、ヤッコの警戒心がとけて餌を食べ始めることがあります。

協調性の維持された混泳は、水槽内に安定をもたらします。タンクメイトをうまく選ぶことで、残餌が少なくなる利点もあります。また、藻食性のハギを混泳させれば、コケ掃除にも役立ちます。そうしたことが、結果的に水質の安定につながるのです。ただし、ハギ類との混泳は、若干の注意が必要です。ハギが先住している水槽に新たに小型ヤッコを導入すると、最初のうちはハギがヤッコをしつこく威嚇する場合があるので、特に小さな幼魚を入れる際には、事前に隔離ケースを使ってお見合いをじっくり行なうなどしてから、ハギのいる水槽に放つようにしましょう。

クック諸島の水深 100m 以深に生息する小型ヤッコ、ペパーミントエンゼル。美しい魚ですが、採集が難しいため滅多に入荷せず、高嶺の花的存在です

小型ヤッコには、自然下での交雑個体も見られます。変わった個体を探し出すのも、楽しみ方のひとつです。写真は、レモンピール（45 ページに掲載）とエイブリーエンゼルとの交雑個体

独特のカラーリングや均整の取れたフォルムなどから人気のヤッコ類は、マリンアクアリウムの中でも花形的存在です。また中〜大型ヤッコでは、幼魚と成魚とで容姿が大きく異なるのも魅力になっています。ここからは、主に全長15cm以上の中〜大型ヤッコ、15cm未満の小型ヤッコとに分けて、紹介していきましょう

撮影／石渡俊晴、円藤 清

※97〜99ページの図鑑も併せてご覧ください

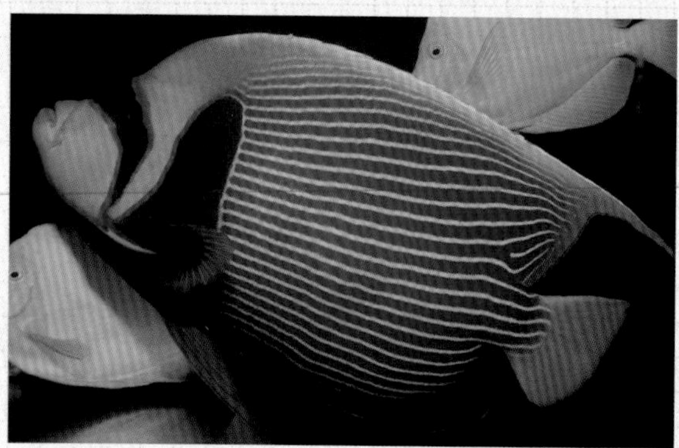

タテジマキンチャクダイ

Pomacanthus imperator

分布：インド洋〜中・西部太平洋
全長：30cm

色鮮やかなシマ模様が個性的な種で、ヤッコ類の中でも代表的な存在です。太平洋産の個体（写真）は背ビレ後端が伸長しますが、インド洋産では伸びずに丸みを帯びるという違いがあります。なわばり意識が強く、浮き袋をふるわせ音を出して、相手を威嚇します

タテジマキンチャクダイの幼魚。その模様からウズマキとも呼ばれます。撮影実長3cm

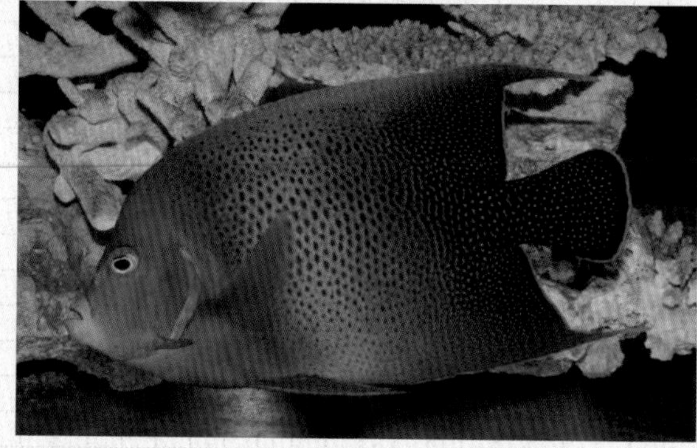

サザナミヤッコ

Pomacanthus semicirculatus

分布：インド洋〜西部太平洋
全長：35cm

体の輪郭を彩るメタリックブルーが印象的なポピュラー種。幼魚は死滅回遊魚として、本州沿岸の磯場で採集できます

全長2.5cmほどのサザナミヤッコの幼魚。本種は体色変化が遅く、全長10cm以上になっても幼魚のカラーリングを残す個体がほとんどです

アデヤッコ

Pomacanthus xanthometopon

分布：東南アジア、モルディブ、西部太平洋
全長：35cm

「ブルーフェイス」とも呼ばれるとおり、頭部の青とオレンジ色のコントラストが鮮やかな種。性格は比較的荒い個体が多いので、同サイズの魚との混泳には注意しましょう

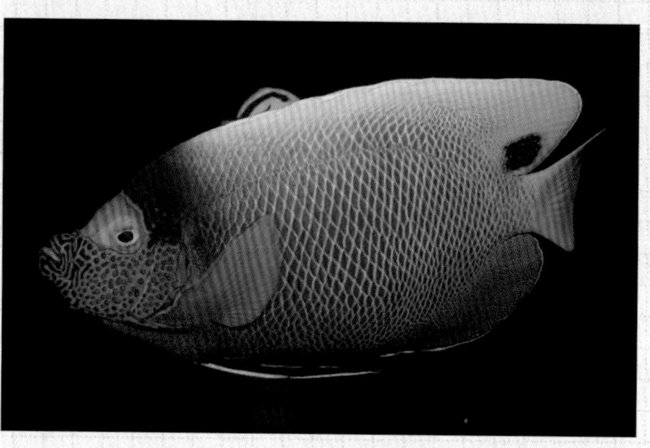

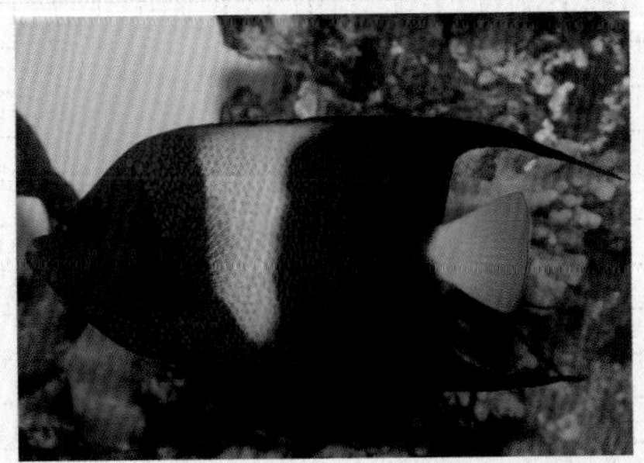

アラビアンエンゼルフィッシュ

Pomacanthus asfur

分布：紅海、アデン湾　全長：30cm

濃紺から黒褐色の地色と、黄色い模様との組み合わせが、夜空に浮かび上がる三日月を思わせる美しい種です。成魚は、背ビレとしりビレの先端が伸長し、見栄えが増します。性格は比較的温和で、飼いやすいのも魅力。「アズファー」とも呼ばれます

クイーンエンゼルフィッシュのカラーバリエーション。ノーマル個体に比べ、全身の青みが強いのが特徴です

クイーンエンゼルフィッシュ

Holacanthus ciliaris

分布：中～西部太平洋、カリブ海　全長：35cm

ホラカントス属の中では、カリブ海を代表する存在です。頭頂部には、王冠のような模様が入ります。体色には個体差があり、特にブルーが強い個体は人気が高いですが、水槽飼育での体色維持はなかなか難しいものがあります

ロックビューティー

Holacanthus tricolor

分布：西部太平洋
全長：20cm

黄色と黒に染め分けられた体色が特徴です。幼魚期は全身が黄色で、体色中央に目状斑があり、成長につれ体側後方から黒斑が現れ始めていきます

ヤイトヤッコ

Genicanthus melanospilos

分布：西部太平洋
全長：18cm

オス（写真）は鮮やかなシマ模様が特徴で、メスの背中は黄色に染まります。フィリピンやインドネシア便で入荷するポピュラー種。泳ぎのしっかりした幼魚から飼うと、長期飼育に成功する可能性が高まります

シテンヤッコ

Apolemichthys trimaculatus

分布：インド洋～中・西部太平洋
全長：20cm

非常に広範囲に分布する、ポピュラー種。日本へは主にフィリピンやインドネシア便で入荷しています。鮮やかな黄色のボディに、ブルーの吻先がワンポイントになっています。丈夫で、飼育は容易です

フレームエンゼルフィッシュ

Centropyge loricula

分布：中～西部太平洋　全長：7cm

鮮やかな赤を基調とした体色に黒いバンドが入るのが特徴で、その美しさから特に人気の高い小型ヤッコです。また、ハワイ周辺海域の本種は、一段と赤みが強いことも知られています。丈夫で、飼育は容易です

ココスピピグミーエンゼルフィッシュ

Centropyge joculator

分布：クリスマス島（オーストラリア領）、ココスキーリング　全長：10cm

美しさや丈夫で飼いやすいことなどから、高価ですが人気の高い種です。強い照明を当てても体色は褪せにくいので、強光量のサンゴ水槽でも楽しめます

ルリヤッコ

Centropyge bispinosa

分布：インド洋～西部太平洋　全長：7cm

鮮やかな瑠璃色が特徴ですが、分布域が広いため、体色や模様には個体差が見られます。フィリピンやインドネシア便の定番種で、初心者向きの小型ヤッコとしてもおすすめです

ソメワケヤッコ

Centropyge bicolor

分布：西部太平洋、インドネシア　全長：10cm

フィリピンやインドネシア便で入荷する定番種です。やや餌付けにくいですが、基本的には丈夫なので、状態の良い個体は飼いやすいです。ただし、サンゴの表皮やポリプを食害する傾向があるので、サンゴ水槽に泳がせるのは向いていません

マルチカラーピグミーエンゼルフィッシュ

Centropyge multicolor

分布：パラオ、マーシャル、トンガ
全長：8cm

頭頂部のブルーの模様が目立つ上品な体色で、水深 40m 以深のスロープやケーブの中に生息しています。丈夫な種ですが、強い照明の水槽に泳がせると、色が褪せやすい傾向があります

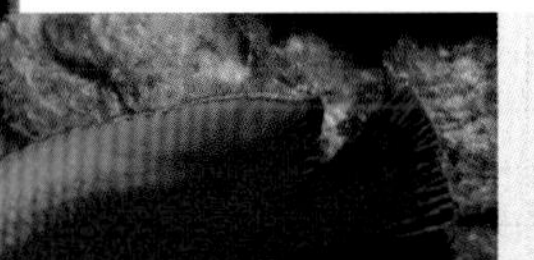

フレームバックピグミーエンゼルフィッシュ

Centropyge aurantonotus

分布：カリブ海南部、南ブラジル
全長：6cm

餌付けも容易で、サンゴ水槽でも楽しめる小型ヤッコです。本種によく似た種にアフリカンフレームバックピグミーエンゼルフィッシュが存在しますが、本種のほうがボディの色が濃く、尾ビレもボディと同系色（アフリカンの尾ビレは黄色）という違いがあります

レモンピール

Centropyge flavissima

分布：ミクロネシア、小笠原諸島
全長：10cm

爽やかなレモン色と、目とエラ蓋を縁取るブルーとの組み合わせが美しい人気種。マーシャル産やバヌアツ産の個体が、コンスタントに入荷しています。自然界では、他種との交雑個体もよく見られます

レンテンヤッコ

Centropyge interrupta

分布：南日本、伊豆諸島、小笠原、ミッドウェイ環礁
全長：15cm

国内にも分布する温帯種で、成魚は10cm以上に成長します。大型個体は、餌付けが難しい面があります。飼育水温は 20 ～ 22℃が最適です

エイブルズエンゼルフィッシュ

Centropyge eibli

分布：東部インド洋
全長：8cm

インドネシアを代表する小型ヤッコ。体側のオレンジのシマ模様は不規則で、かなりの個体差があります。丈夫で飼いやすく、人工飼料への餌付けも容易です

シマヤッコ

Paracentropyge multifasciata

分布：西部太平洋、インドネシア、バヌアツ
全長：8cm

シマ模様と、体高のあるフォルムが個性的な種です。自然界では、外洋に面したドロップオフの斜面に生息しています。シマ模様は産地によって差があります。写真はフィリピン産の個体

チョウチョウウオ類の飼い方

チョウチョウウオの仲間は、美しいだけでなく比較的安価な種が多いこともあり、思わず手が出てしまう魚です。ところが、デリケートで病気に罹りやすい面があり、飼育は容易とは言えません。かといって、ビギナーが諦めたほうがよいほど難しいわけではないので、ポイントを押さえて、華麗な舞いを楽しみましょう

談／前田史夫（日海センター）　撮影／円藤　清、橋本直之

自然下にて、優雅な舞いを見せるフウライチョウチョウウオのペア。沖縄本島にて(P／円藤)

チョウチョウウオを飼うにあたって

「サンゴ礁にいる魚」として、最もイメージされやすいのが、チョウチョウウオの仲間たちです。カラフルな体色と洗練されたシルエットで、古くから高い人気を誇っています。ただし繊細な容姿のとおりデリケートな種が多く、飼育下では病気が出やすく、また種類によっては餌付けも難しいです。そのため、状態が万全で、餌付いている個体を選ぶことが最重要です。

飼いやすいチョウチョウと混泳のポイント

丈夫で餌付きやすく飼いやすい種類としては、イッテンチョウチョウ、トゲ、フウライ、アケボノ、ハタタテダイ、ミゾレ、カスミ、ゴールデンバタフライなどが定番です。特にミゾレとカスミは、病気にはなかなかかからず、強健です。

チョウチョウ同士の混泳は、種類によってはやり合うことがあります。それを防ぐには、チョウチョウ複数の中にヤッコを１匹入れるという方法があります。チョウチョウよりもヤッコのほうが強いので、ヤッコがいることによって水槽内で強くなりきれず、おとなしくなってバランスが保たれるというわけです。たとえば、チョウチョウ５匹の中にヤッコを１匹入れるのは、無難な組み合わせと言えるでしょう。

それに対して、クマノミやスズメダイなど他の魚がメインの水槽に、チョウチョウを１匹や少しだけ泳がせるのは、悪い例です。これでは、チョウチョウはストレスから病気を発症したり、弱ってしまいます。

ヤッコを入れずにチョウチョウだけでも混泳させやすいのは、群れる習性があり温和なカスミ、ミゾレ、ムレハタタテダイなどです。

購入時に気をつけたいこと

白点病ならひと目でわかりますが、それ以外の病気、たとえばエラ病や寄生虫は、初心者には判断しにくいことでしょう。そこで、販売水槽の魚を観察した

このページすべて撮影／橋本

華やかな混泳水槽です。チョウチョウウオの数は７匹と多いですが、これは写真写りを考慮したもので、実際は５匹までに抑えたほうが無難です。レイアウトには、管理が楽で病気を持ち込む恐れもない飾りサンゴを使用。国内でも採集できる種と外国産が混じっているため、水温はやや高めの 28℃に調節しています

DATA

水槽：60 × 30 × 36（高）cm
ろ過：ろか槽が大型の上部式フィルター
（ひかるアクアリューム・オリジナル）
餌：乾燥飼料を１日３～４回
魚：スポットテールバタフライフィッシュ、イッテンチョウチョウウオ、セグロチョウチョウウオ、トゲチョウチョウウオ、フエヤッコ、ミゾレチョウチョウウオ、スポッテッドバタフライフィッシュ、チャイロヤッコ

左から、トゲチョウ、セグロチョウ、ミゾレチョウ。みな争うこともなく、バランスが取れています

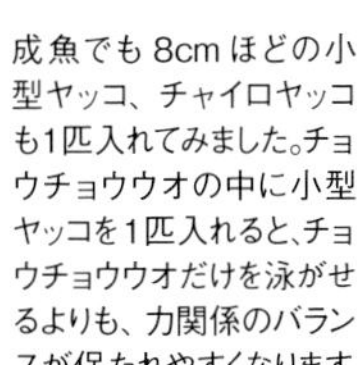

成魚でも 8cm ほどの小型ヤッコ、チャイロヤッコも1匹入れてみました。チョウチョウウオの中に小型ヤッコを1匹入れると、チョウチョウウオだけを泳がせるよりも、力関係のバランスが保たれやすくなります

チョウチョウウオの主な種類と食性

食性	主な種類
Aタイプ 乾燥飼料・冷凍飼料・ポリプ（サンゴ）など何でも食べる	カスミチョウ、ミゾレチョウ、トゲチョウ、アケボノチョウ、アミチョウ、イッテンチョウ、セグロチョウ、チョウハン、ハタタテダイ、ゴールデンバタフライ、サントスバタフライ
Bタイプ 冷凍飼料・ポリプ（サンゴ）などを好んで食べる	ツノハタタテダイ、ミナミハタタテダイ、ハシナガチョウ
Cタイプ ポリプ（サンゴ）を好むポリプ食	スミツキトノサマダイ、ミカドチョウ、ヤリカタギ、ミスジチョウ、オウギチョウ

ときに、呼吸が速かったり、体の同じ部分を何度もこすりつけたり、何かをぬぐい去るように急激に泳ぎ出すような個体は避けるようにします。

他には、餌付いていることも最低限の条件と言えます。店員さんに餌を与えてもらい、きちんと食べるか、また何を食べるかを確認しましょう。餌付けには殻付きのアサリが用いられるのが最適で、人工飼料へ切り替えるのは、アサリをきちんと食べて肉付きが良くなってからにします。

飼育設備

チョウチョウ5匹にヤッコ1匹の場合、水槽は60cmレギュラーでよいでしょう。これは、チョウチョウが6～7cm、ヤッコが6～10cmと想定した場合なので、個体がもっと大きいなら60×45×45cmなど、それ相応のサイズを用意します。

水槽内でのチョウチョウは、種類やサイズ、匹数にもよりますが、12～13cmほどに成長します。ただし、先述した環境ではおそらく7～8cmでとまるので、そのまま終生飼育が可能です。

フィルターは、上部式もしくはオーバーフローシステムがおすすめです。上部式は、一般的に販売されているものではなく、専門店のオリジナルや特注などのろ過槽の大きなものがベストです。先述の60cmレギュラー水槽にチョウチョウ5匹、ヤッコ1匹という例は、大型の上部式を用いたことを想定しています。ろ過槽が小さな一般的な上部式の場合は、チョウチョウ2匹程度、ヤッコ1匹に抑えましょう。

底砂がないと、常にゴミが舞って魚のエラを傷めてしまうことがあるので、敷くようにしましょう。ただし、厚く敷くと砂内の水通りが悪くなるので、厚くても1cmまでと薄めにするのがポイントです。

砂粒のサイズは、米粒くらい～直径8mmほどまでが適当です。パウダーサンゴは、砂内の水通りが悪いのでおすすめしません。

レイアウトには、ライブロックよりも飾りサンゴがおすすめです。飾りサンゴなら、病原菌の持ち込みを防ぐことができるからです。

食事と水換え

チョウチョウの食性はおおまかに、乾燥飼料（人工飼料）・冷凍飼料・ポリプ（サンゴ）など何でも食べるAタイプ、乾燥飼料は食べないが冷凍飼料やポリプは食べるBタイプ、ポリプしか食べないCタイプとに分けられます（表参照）。

Aタイプを長期飼育するには、乾燥飼料だけでなく冷凍飼料（コペポーダやブラインシュリンプなど）も与えることが大切です。他には、海水魚用やディスカ

ライブロックに付いたサンゴをつつく、インドミスジチョウ。サンゴのポリプを好む種ですが、慣らせば海水魚用ハンバーグ、アサリ、冷凍ブラインシュリンプ、乾燥飼料も食べるようになります（P／橋本）

ス用のハンバーグもよい餌となります。

Bタイプに乾燥飼料を食べさせるには、それまで食べていた冷凍飼料を解凍して、その水分を乾燥飼料に染みこませます。そうして匂いをつけておくと、乾燥飼料のことも餌だと認識して食べるようになります。1日餌抜きをしてから与え、食べないようであればその日は餌を与えません。そして翌日にまたチャレンジし、食べないようなら今度は餌を与えます。曜日で例えると、月曜は餌を抜き、火曜にチャレンジし、食べないようなら火曜は餌抜きをして水曜に再チャレンジ。水曜にも食べないようなら、水曜から日曜までは食べてくれる餌を与えます。そして月曜に餌抜きをし、火曜にチャレンジというパターンを、食べるようになるまでくり返します。

Cタイプに冷凍飼料を食べさせるには、日頃から食べているサンゴをすり潰して、冷凍飼料に混ぜるという方法があります。ポイントとしては、Cタイプは浮遊しているものを餌とは認識しないので、すり潰した餌を飾りサンゴなどに付着させておくということです。

自然下でのチョウチョウは常にサンゴをついばんで食べているような魚なので、給餌は1日3回以上が理想です。昼間が忙しい場合は朝晩の2回でもよいですが、可能な日があれば3回以上与えたいものです。

水換えは、チョウチョウ5匹とヤッコ1匹を飼育し、大型の上部式フィルターを用いている場合は、3週間に1回1/5程度でしょう。一般的な、ろ過槽が小型の上部式の場合は2週間に1回1/5など、サイクルを早めたほうが無難です。ただし、一度の換水量は1/5までに抑えます。大量換水すると水質が急変し、魚へダメージを与えることがあるからです。

病気と治療法

最も発症しやすいのは白点病です。私の場合、白点病は硫酸銅（薬局で購入）を使って治療するのですが、その使用方法は人によって異なりますので、海水魚に詳しいショップへ尋ねるとよいでしょう。

また、体の表面に付く寄生虫や、エラに付いてエラ病の元になる寄生虫もおり、これらは淡水浴で治療します。淡水浴用の水槽は、元の水槽と水温を合わせ、エアレーションを強めにしておきます。淡水浴させる時間は魚のサイズによりますが、おおよそ1cmに対して1分が目安です。たとえば、魚が5cmなら5分、10cmなら10分程度です。

淡水浴の回数は、1日1回が基本です。たいていは1回で治りますが、2～3日経っても治らない場合はもう一度同じようにします。ただし、1日に何回もやると魚に負担がかかるので、1日1回までに抑えるようにしてください。

単なる「チョウチョウウオ」（*Chaetodon auripes*）の幼魚。6～8月に房総半島～四国の磯でも採集できる種で、“並チョウ”とも呼ばれます。また本種の他にも国内の磯で採集できるチョウチョウの幼魚がおり、まとめて“豆チョウ”と呼ばれ、親しまれています（P／橋本）

チョウチョウウオ 図鑑

和名をチョウチョウ(蝶々)、英名もバタフライフィッシュと、誰が見ても蝶を連想させるチョウチョウウオ。そのフォルムやカラーリング、泳ぐ姿は、まさに水中を飛び回る蝶といった様です

撮影／円藤 清、橋本直之

※100～101ページの図鑑も併せてご覧ください

トゲチョウチョウウオ

Premnas biaculeatus var.

分布：房総半島以南の西部太平洋、中・南部太平洋、インド洋

全長：20cm

成長すると背ビレ後端の軟条が伸びるので、それをトゲに見立てて和名がつきました。丈夫で飼いやすいチョウチョウウオで、初夏から秋にかけて、房総半島の磯でも採集することができます

アケボノチョウチョウウオ

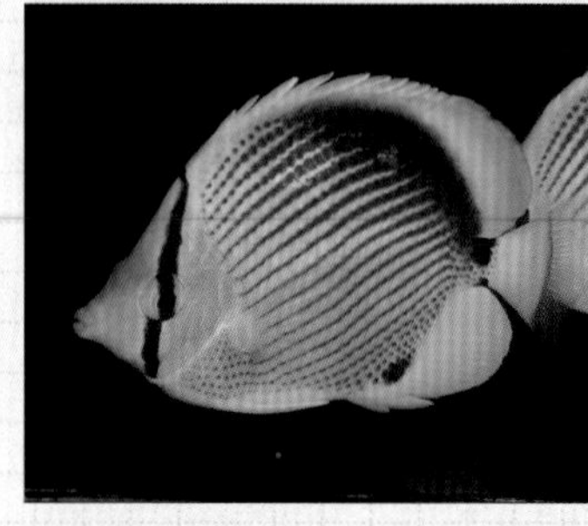

Chaetodon melannotus

分布：房総半島以南の西部太平洋～インド洋、ミクロネシア、メラネシア、紅海

全長：15cm

丈夫なので、初心者にもおすすめしやすい種です。明るい黄色に囲まれた体は、水槽内でもよく目立ちます。自分で採集した幼魚を、大きく育て上げるのも楽しみ方のひとつ

ミゾレチョウチョウウオ

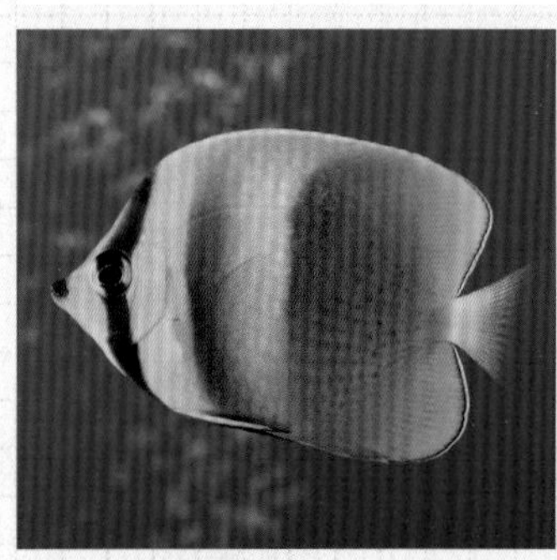

Chaetodon kleinii

分布：紀伊半島以南の西部太平洋～インド洋、ミクロネシア、メラネシア

全長：14cm

アケボノチョウと並んで、最も飼いやすいチョウチョウウオです。また、口先がそれほど尖ってないこともあり、かわいらしい印象があります。インド洋産は、黄色みが強いのが特徴（P／橋本）

セグロチョウチョウウオ

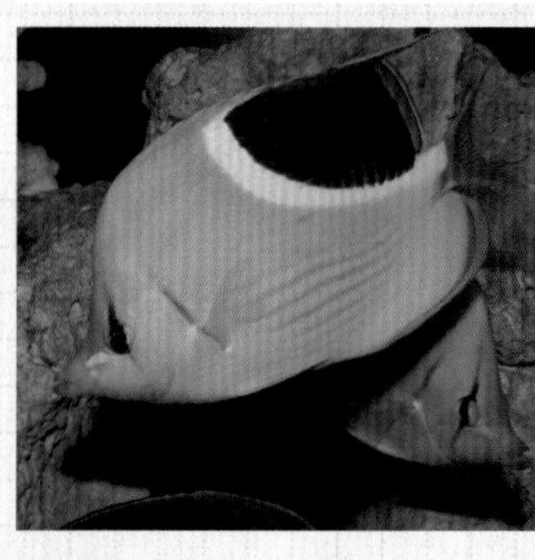

Chaetodon ephippium

分布：房総半島以南の西部太平洋～スリランカ以東の東部インド洋、中・南部太平洋

全長：25cm

分布域が広く、同じ海域に生息するトゲチョウやアケボノチョウよりも、若干高価です。小さな幼魚は臆病で、静かな環境で単独飼育をしないと餌付きにくい面があります

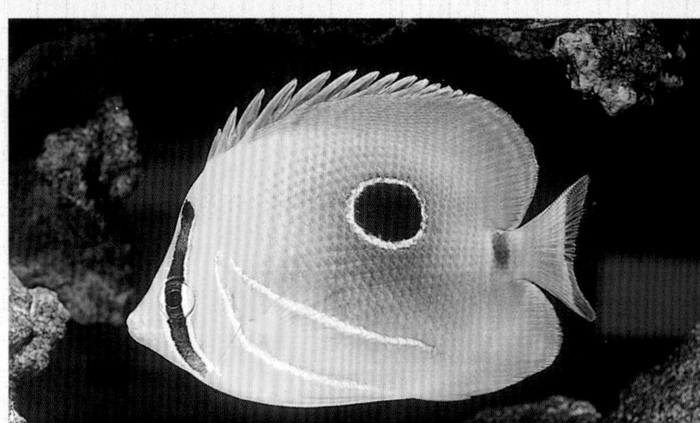

ウミヅキチョウチョウウオ

Chaetodon ephippium

分布：紀伊半島以南の西部太平洋～インド洋、ミクロネシア、メラネシア、ピトケアン諸島

全長：18cm

黄色いボディに、水色に縁取られた黒いスポットがよく目立ちます。また、水色のラインも本種ならではの特徴のひとつ。基本的にはポリプ食ですが、根気よく餌付ければ人工飼料も食べるようになります

ゴールデンバタフライフィッシュ

Chaetodon melannotus

分布：イエメン・アデン海～紅海
全長：30cm

シンプルながらもインパクトのある容姿で人気があります。チョウチョウウオには安価な種も多いですが、本種は高価な部類に入ります。丈夫で飼いやすいですが、最初は殻付きのアサリで餌付けましょう

スポッテッドバタフライフィッシュ

Chaetodon guttatissimus

分布：インド洋
全長：12cm

ボディ全体に小さなスポットが散りばめられ、シックな美しさを持ちます。丈夫で飼いやすい種で、「ペッパードバタフライ」とも呼ばれています

ミスジチョウチョウウオ

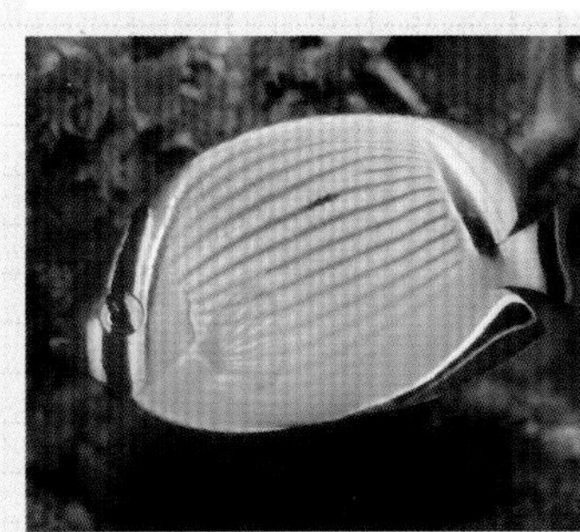

Chaetodon lunulatus

分布：紀伊半島以南の西部太平洋～スマトラ島沿岸、中・南武太平洋
全長：15cm

ボディに流れる細いラインが美しい人気種です。サンゴのポリプを好んで食べますが、国内で自家採集した個体は容易にアサリに餌付きます

フエヤッコ

Forcipiger flavissimus

分布：伊豆半島以南の西部太平洋～インド洋、中・南・東部太平洋
全長：15cm

鮮やかな黄色いボディや長く伸びた吻先など、気品のある姿でチョウチョウウオの中でも特に高い人気を誇ります。餌は、初めは刻んだアサリを与え、次第に顆粒状の人工飼料に餌付けるとよいでしょう

ハタタテダイ

Heniochus acuminatus

分布：房総半島以南の西部太平洋～インド洋、中・南部太平洋、ペルシャ湾
全長：20cm

長い背ビレと白黒のバンド模様が個性的な種です。海水魚全体の中でも代表的な存在で、水族館でも見られることが多いです。丈夫で人工飼料にも餌付きやすいですが、本種同士では争う面があります

ハコフグ類の飼い方

ハコフグ類は、愛嬌のある容姿で人気のグループです。ハコフグやミナミハコフグの幼魚は、日本の海でも浅瀬で採れることがあります。採集した幼魚を育て上げるのは、決して容易とは言えませんが、とても楽しいものです

文／円藤　清　撮影／円藤　清、橋本直之

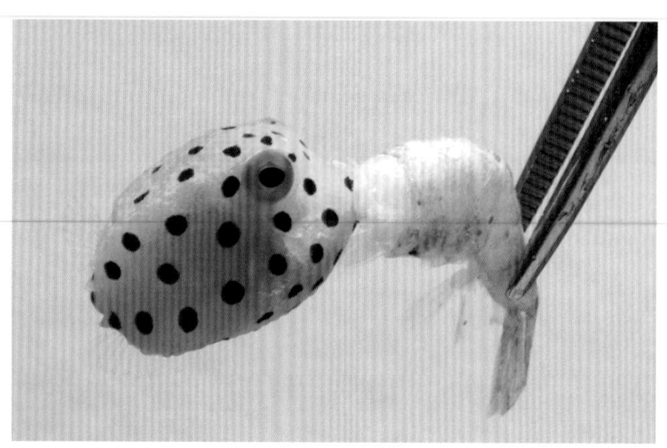

ピンセットからエビを食べる、ミナミハコフグの幼魚。全長2cmほどのこの時期には、黄色と黒のメリハリが美しいです（P／橋本）

意外とデリケートなハコフグたち

ハコフグの仲間は誰もが飼育したくなるかわいらしさですが、実際は水槽に落ち着くまでは飼育が難しい魚です。ハコフグは骨板が発達した堅い体表をしているので、たとえコンディションが悪く痩せていても、わかりにくいのが特徴です。ハコフグを飼育にあたっては、まずはいかに元気な個体を入手するかがポイントになります。特に、一度痩せてしまった個体を回復させるのは、非常に困難です。

一方、元気な個体は胸ビレを小刻みに動かしながら、岩の表面をさかんについばむ動作が確認できます。購入時にすでに餌を食べている個体ならば、ひと安心でしょう。

また、ハコフグの仲間は白点病になりやすいことも、飼育が難しい理由です。したがって飼育水槽は、それまでに白点病の発生履歴がないことが重要です。そして水槽内はシンプルなレイアウトにし、水が淀まないように注意します。他には、水温を安定させることも白点病予防には欠かせませんし、無用な混泳魚を増やすこともリスクを高める原因になるので、慎重さが必要です。さらに、病気を発症したときのために、魚病薬の準備もしておきましょう。薬浴のための水槽を他に用意できれば、なおよいです。

ハコフグ類の中で比較的丈夫で飼育しやすいのは、コンゴウフグです。輸入量も豊富で状態のいい個体が入手しやすいということもありますが、雑食で餌付きやすいことも、飼いやすい理由に挙げられます。

日頃の世話

元気な個体が手に入って、安定した水槽の準備が整っていたとすれば、後はハコフグに餌を与えるだけです。ハコフグは細かな餌を食べるというよりも、やすりのような歯で餌をむしりとるような食べ方をするので、殻付きのアサリや歯ごたえのあるクリルなどに餌付く可能性が高いです。餌付かせるための

殻付きのアサリを食べる、ミナミハコフグ。左ページの個体よりも成長しており、体色の黄色は淡く変化しています（P／円藤）

水槽は、底砂を敷いていないベアタンクでもよいでしょう。

餌付いた後は、ハコフグは飼い主に良く馴れるので、一層親しみが沸きます。餌は十分に与える必要がありますが、そのぶん排泄物も多くなるので、水槽の底に溜まるデトリタスを吸い出しながら換水することによって、良好な水質を維持しましょう。また、他に混泳魚がいる場合には、さらに多めの換水が必要になります。

ハコフグのための水温

飼育水の設定水温は、通常は 23 ～ 25℃ですが、近海産のハコフグに対しては 20℃前後が適温です。不用意に 25 ～ 28℃くらいの高水温で飼育していると、白点病になりやすいので注意しましょう。

水温を安定させるためには、水槽用クーラーの使用が有効です。夏場では、小型水槽の水温は 30℃以上になってしまうことも想定されるので、水温対策は不可欠です。もし、水槽用クーラーが使用できない場合には、水槽をエアコンが効く部屋に設置するか、できるだけ風通しのいい場所に設置するしかありません。それでも確実に水温管理ができるというわけではないので、魚のコンディション変化には常に注意を払う必要があります。

ハコフグの毒と混泳時の注意

フグ類の内蔵には、テトロドトキシンという毒があることで有名です。ところがハコフグの仲間には、内蔵に毒はなく、体表からパフトキシンという粘液毒を分泌します。この毒は外敵に襲われたり、ストレスによって分泌され、水量が少ない水槽では自らが分泌した毒で死んでしまうこともあるのです。したがって、水槽で混泳させる魚については、ハコフグにストレスを与える魚は避けるようにします。また、混泳水槽でハコフグが着底して調子が悪い様子であれば、すぐに他の水槽に移して隔離しましょう。

ハコフグ図鑑

フグの中でも、愛嬌のある容姿で人気のハコフグ科の仲間をご紹介しましょう。特に幼魚は愛らしく、ショップで見かけると思わず連れて帰りたくなるほど。ハコフグやミナミハコフグの幼魚は自家採集も可能なので、チャレンジするのも楽しいでしょう

撮影／円藤 清

※108ページの図鑑も併せてご覧ください

コンゴウフグ

Lactoria cornuta

分布：インド洋～西部太平洋
全長：45cm

マニラ便で入荷するハコフグの仲間で、コンゴウフグ属（体の断面が五角形なのが特徴）に含まれます。本種は、ボディの前後方に角のような突起が2本ずつ映えているのが特徴。入荷量は多く、飼いやすい種です

8cmほどのコンゴウフグ。このような幼魚期には、青いスポットが入ります

ハコフグ

Ostracion immaculatus

分布：南日本
全長：30cm

主に本州沿岸で見られる温帯種で、ブルーのスポットが特徴的。本種を含むハコフグ属の魚は、体の断面が四角形のことが多いです。複数飼育では争うので、単独飼育が適します

ミナミハコフグ

Ostracion cubics

分布：インド洋～西部太平洋
全長：25cm

黄色いボディに黒いスポットの入った幼魚（写真）は、特に愛らしく、人気があります。ハコフグ類の中でも流通量は多く、入手しやすいのも魅力。ボディの黄色みやスポット模様は、成長につれ淡くなります

レティキュレイトボックスフィッシュ

Ostracion solorensis

分布：インド洋～西部太平洋
全長：14cm

流通量は比較的多い種ですが、オスは滅多に入荷しません。メス（写真）は、洒落た迷彩柄が特徴です。ちなみにハコフグの仲間は、幼魚期はすべてメスで、成長すると一部がオスへ変化する「雌性先熟」という生態が知られています

ラクダフグ

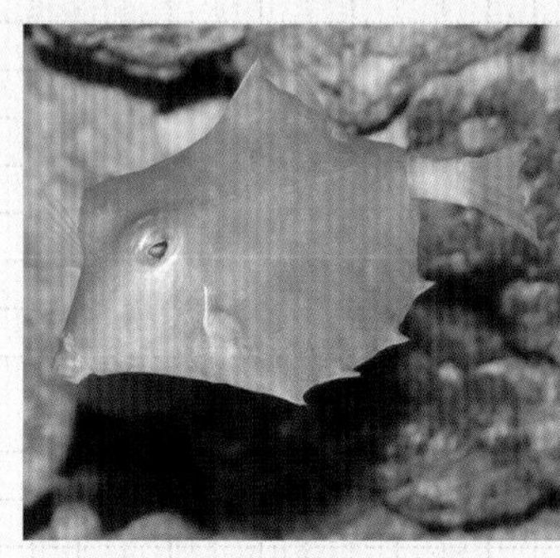

Tetrosomus gibbosus

分布：インド洋～西部太平洋
全長：25cm

黄色もしくはピンク色のボディを持つ2cmほどの幼魚が流通しています。背部の突起は、成長につれ小さくなっていきます

はじめての海水魚飼育に

おすすめの魚図鑑

ここまでに紹介してきたグループ以外にも、海水魚には様々な魅力種が存在します。その中から、丈夫で飼いやすく、比較的小さな種を中心にピックアップしました。流通量は多いので、入手もしやすいことでしょう

撮影／円藤 清

※97～109ページの図鑑も併せてご覧ください

デバススズメダイ

Chromis viridis

分布：インド洋～中・西部太平洋
全長：8cm

スズメダイの仲間は、丈夫で飼いやすい小型種が多く、中でも本種は古くからポピュラーな存在です。温和で協調性があり、群れでの飼育が楽しめます

シリキルリスズメダイ

Chromis parasema

分布：西部太平洋
全長：4cm

尾筒からしりビレがが黄色に染まる、かわいらしいスズメダイです。フィリピンから入荷するポピュラー種で、自然下では浅場の枝サンゴの中を棲み家にしています

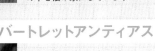

バートレットアンティアス

Pseudanthias bartlettorum

分布：西部太平洋
全長：6cm

ハナダイの仲間で、丈夫で餌もよく食べ、飼いやすいです。体色はピンクと黄色のツートンで、成熟したオス（写真）は尾ビレのフィラメントがよく伸び、見栄えがします

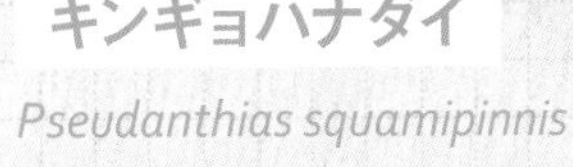

キンギョハナダイ

Pseudanthias squamipinnis

分布：インド洋～中・西部太平洋
全長：7cm

ハナダイとはハタ科の仲間で、本種は浅場のサンゴ礁に、大きな群れを作って生活しています。オス（写真）は赤っぽいのに対し、メスはオレンジ色という違いがあります。またオスは、背ビレの第３棘条が伸長するのも特徴です

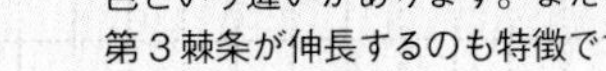

ロイヤルグラマ

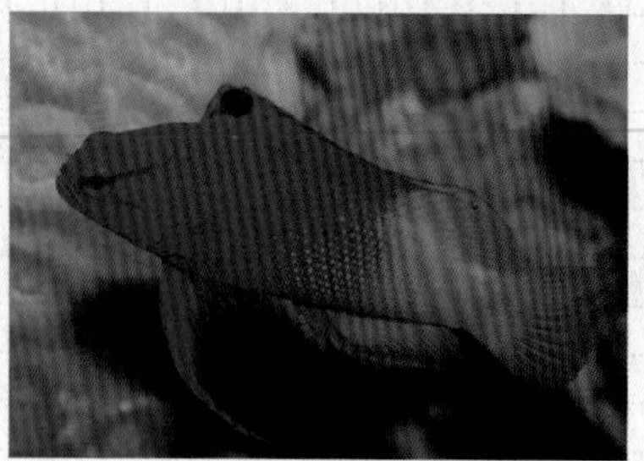

ハナダイ類と同じく、ハタ科の魚です。パープルとイエローの派手な体色は、インパクト大。なわばり意識が強い魚で、ペアになると岩穴に巣を作ります

Gramma loreto

分布：カリブ海、バハマ　全長：8cm

バイカラードティーバック

ドティーバックとは、メギスの仲間です。性格の強い種が多いメギスの中では、本種は比較的温和で、同サイズの魚ともなんとか混泳できることが多いです

Pictichromis paccagnellae

分布：インドネシア、西オーストラリア
全長：5cm

ヒレナガネジリンボウ

テッポウエビの仲間と同じ穴で共生するハゼを、共生ハゼと呼びます。本種はその代表的な存在で、コトブキテッポウエビと共生します。丈夫で飼育は容易です

Stonogobiops nematodes

分布：南日本、フィリピン、インドネシア
全長：4cm

ヤシャハゼ

長く伸びた背ビレが見応えのある美種で、ポピュラーな存在の共生ハゼです。オスは、腹ビレの先端に黒斑が入ります

Stonogobiops yasha

分布：西部太平洋、インドネシア
全長：5cm

ハタタテハゼ

一般にハゼ類は底層にいることが多いですが、ハタタテハゼの仲間は、中層を泳ぎ回るのが特徴です。本種は、長い背ビレを動かしながら、中層をホバリングする様子がかわいらしい人気種

Nemateleotris magnifica

分布：インド洋〜中・西部太平洋
全長：5cm

キイロサンゴハゼ

愛らしい顔つきや全身黄色の美しさなどから、人気の高いポピュラー種。丈夫ですが、アクロポラ（ミドリイシの仲間）の枝のすき間を棲み家にしているため、サンゴと一緒に飼うのが理想です

Gobiodon okinawae

分布：インド洋〜太平洋
全長：4cm

バーンガイカージナルフィッシュ

個性的なフォルムと、上品なモノトーンで人気のポピュラー種。テンジクダイの仲間で、オスが口内保育することが知られています。性質は温和で、飼いやすいです

Pterapogon kauderni

分布：インドネシア　全長：6cm

マンジュウイシモチ

古くからポピュラーな魚で、大きな赤い眼がアクセント。サンゴ礁の内湾の静かな水域に暮らしており、枝状サンゴの周囲に群れを作っていることが多いです

Sphaeramia nematoptera

分布：西部太平洋、インドネシア
全長：6cm

キイロハギ

全身が濃い黄色に染まるポピュラー種です。幼魚も多く入荷しているので、水槽サイズやタンクメイトに合わせて選ぶとよいでしょう

Zebrasoma flavescens

分布：中～西部太平洋
全長：18cm

ナンヨウハギ

濃いブルーのボディ、黄色い尾ビレ、独特の黒模様などが特徴の人気種です。ディズニー映画『ファインディング・ニモ』に登場する、ドリーのモデルになっています

Paracanthurus hepatus

分布：インド洋～太平洋
全長：20cm

カザリキンチャクフグ

サンゴ礁の浅場でよく見られる、小型のフグです。全長2～3cmの幼魚が、まとまって輸入されることがあります。餌はアサリや乾燥オキアミなど

Canthigaster bennetti

分布：インド洋～中・西部太平洋
全長：6cm

ハリセンボン

温帯からサンゴ礁域まで広範囲に生息し、国内でも青森県以南で見られます。危険を感じると水を吸い込んで体を膨らませ、トゲを立てます（普段はたたまれています）。飼育は容易

Diodon holocanthus

分布：インド洋～太平洋
全長：20cm

魚を中心に楽しむための水槽コレクション

マリンアクアリウムで楽しめる主な生物には、魚やサンゴ、イソギンチャク、甲殻類などがいます。水槽を立ち上げる前に、それらの中から何を中心にするかを決めることが、その後の飼育を順調に進めるためのポイントとなります。ここからは、魚を中心とした水槽例を取り上げていきしょう

小型水槽で楽しむハタタテハゼとスターポリプ

撮影／円藤　清

ヒーター

水温を25～26℃に維持するためのものです。この水槽では、セット販売されていた50Wのものを使用しています。ヒーターはライブロックなどの後ろに隠すと、観賞面を妨げません

アラゴナイトサンド

あらかじめ好気性バクテリアを付着させたサンゴ砂で、水槽立ち上げ時に使用すると水質が早期に安定し、コケが生えにくい環境を作ります。もちろん、普通のサンゴ砂を使用してもかまいません

LEDライト

セット内容に含まれる小型ライトです。この水槽の場合は、サンゴのためにできるだけ水槽に近づけて明るさを維持していることがポイントです。サンゴが引き立つブルー球が入るタイプがよいでしょう

外掛け式フィルター

この水槽のセット内容に含まれるもので、海水を循環・ろ過します。ろ材は目詰まりを起こすまでは、交換する必要はありません。リング状ろ材などを追加することもできます

飼育が比較的容易なソフトコーラル類をレイアウトした小型水槽。中でもスターポリプは環境に応じてしぶとく成長する丈夫さが特徴で、ディスクコーラルもLED下での成長が期待できます。ハタタテハゼは、ソフトコーラルのすき間を棲み家にします

DATA

水槽：22×22×26（高）cm
ろ過：外掛け式フィルター
照明：LEDライト
生物：ハタタテハゼ×2、スターポリプ、ディスクコーラル、ウネタケ（グリーン）、ケヤリムシ、ウミアザミ

共生ハゼの生態を観察しやすい薄型水槽

撮影／橋本直之

共生ハゼのおもしろい生態は、水槽内でも手軽に楽しむことができます。ただし、テッポウエビは所かまわず穴を掘るので、観察するなら小型水槽が適します。ここでは、ハゼたちの観察しやすさとある程度のスペースを両立させるべく、奥行きがないフラットな水槽を使用しました

DATA

水槽：60 × 15 × 35（高）cm　ろ過：内部式フィルター　照明：LED ライト
生物：ヒレナガネジリンボウ× 2、オヨギイソハゼ× 2、キイロサンゴハゼ× 2、ランドールズ・ピストルシュリンプ

愛らしいキイロサンゴハゼ（写真）とオヨギイソハゼも泳がせていますが、これらはエビと共生しません。ただし、ともに温和で協調性がよいので、ヒレナガネジリンボウの混泳相手に選んでみました

テッポウエビが巣穴を掘りやすいよう、サンゴ砂は骨格の大きなものと小さめの粒をブレンドしています

思惑通り、テッポウエビは手前のサンゴ岩をベースに穴を掘り、微笑ましい光景を楽しませてくれています。共生生活を送っているのは、共生ハゼの代表種ヒレナガネジリンボウとランドールズ・ピストルシュリンプ

ミノカサゴの優雅な舞いに酔いしれる

撮影／橋本直之

DATA
水槽：47.5×27.5×39（高）cm
ろ過：外部式フィルター
照明：LED ライト
水温：25℃
生物：ネッタイミノカサゴ、キリンミノ、シマヒメヤマノカイ、イソカサゴ、コチの１種

胸ビレや背ビレの棘条が著しく伸長した、華麗な姿が特徴のミノカサゴの仲間たち。そんな彼らの舞いを楽しもうとセットした水槽例です。泳ぐスペースに余裕を持たせるため、幅に対して高さのある水槽を選択。また、ミノカサゴは岩に身を寄せて休む習性があるので、泳ぎのジャマにならない程度に、サンゴ岩とライブロックを配置しました

キャビネットの中には、外部式フィルターが設置されています。キャビネットの横にあるのは、高水温を防ぐためのベルチェ式小型冷却装置

ネッタイミノカサゴ。胸ビレの棘条が細長いのが特徴で、ふわりと優雅な泳ぎを見せてくれます

キリンミノ。体色と模様のコントラストが美しい種です

撮影／円藤　清

30cm スクエアのコンパクトなオーバーフロー水槽。アクリル製ならではの、細かい工夫がされています。システム自体はろ過槽のないベルリンシステムで、状態のよいライブロックが使われている点がポイントです

DATA
水槽：30 × 30 × 30cm
サンプ内：不織布製プレフィルターを設置
照明：LED
水温：25℃
生物：イナズマヤッコ（幼魚）、イボヤギ、カイメン、ウミイチゴ

下段には白いアクリル板が使われ、スッキリと仕上がっています。上段の水槽は、サイドフローの配管でつながっています。水槽内には配管がないため、自然なレイアウトが楽しめます

イナズマヤッコのような大型ヤッコの幼魚でも、最初は小型水槽で十分飼育できます。ライブロックの岩陰が、イナズマヤッコの格好の隠れ家になります

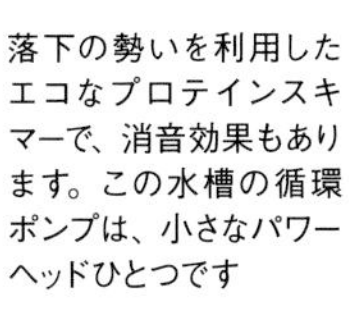

落下の勢いを利用したエコなプロテインスキマーで、消音効果もあります。この水槽の循環ポンプは、小さなパワーヘッドひとつです

過度な照明は水温上昇の原因になるので、注意が必要です。この水槽では、LED ライトが設置されています

迫力ある大型ヤッコに目を奪われる120cm水槽

迫力があり美しい大型ヤッコは、凝ったレイアウトをしない水槽でも十分見栄えがします。また、シンプルレイアウトのほうが、遊泳スペースがあり、魚のためにもなるのです。体格や水槽への収容時期などによってヤッコには優劣がありますが、これだけの魚を泳がせていると、それほど争わないようです

フレンチエンゼル（左手前）を筆頭に、温和なスクリブルドエンゼル（中央上）も泳いでいます。水量に対して限界にも近い数の魚を収容しているので、十分な給餌と水質管理（水換え）を行なっています。また、掃除しやすいよう、底砂は敷いていません

撮影／円藤　清

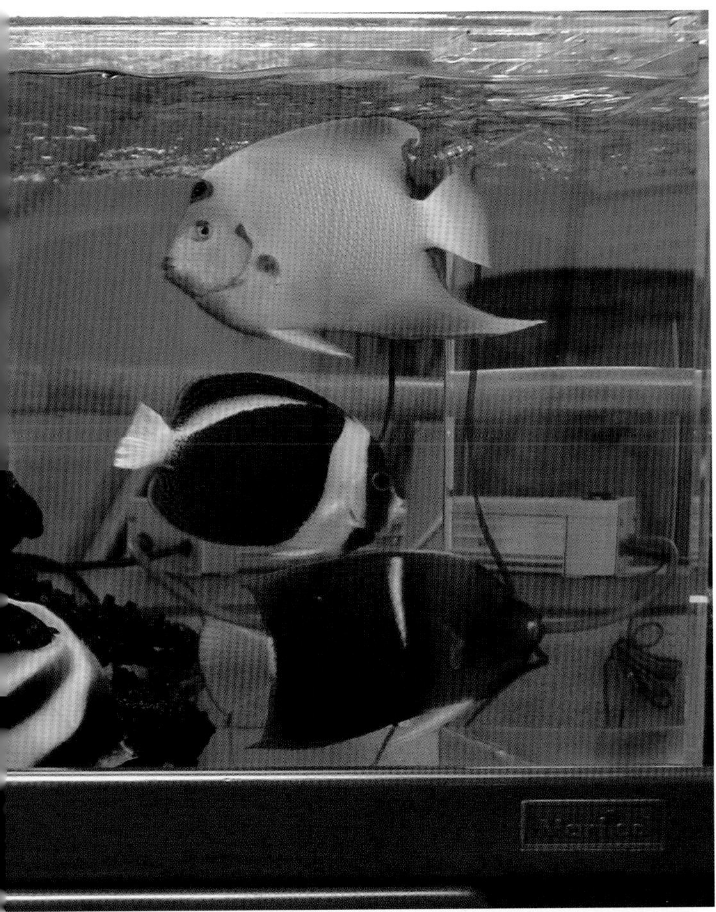

DATA
水槽：120 × 60 × 60cm
ろ過：オーバーフロー式
照明：120cm 水槽用蛍光灯
水温：25℃
生物：フレンチエンゼル、クイーンエンゼル、キングエンゼル、マクロスス、スクリブルドエンゼル、ゴールデンバタフライ、レッドシーバンナー、ホンソメワケベラ

ろ過は、大型水槽で用いられることの多いオーバーフロー式。キャビネット内に３槽式ろ過槽があり、ろ材はリング状のものが使われています

体色が抜群なイエローバンドエンゼルフィッシュ。この水槽では、フレンチエンゼルに次いで大きな個体です

水温が高いほど水質が悪化しやすくなるので、クーラーを使って水温25℃をキープしています

サンゴのプロフィールと育成のポイント

近年のマリンアクアリウム界では、器具類のめざましい進歩もあって、サンゴを楽しむ愛好家も増えています。ここでは、サンゴの特徴や育成方法について述べてみましょう。また次ページからは、サンゴの育成水槽例を取り上げているので、併せて参考にしてください

文・撮影／円藤　清

パラオの水深10mに満たないサンゴ礁の水景。ハマサンゴと一緒に、色々な枝ぶりのミドリイシの仲間が生息しています。このように、サンゴ礁の美しさは、それぞれのサンゴの造形美が創り出しています。レイアウトをする前には、自然のサンゴ礁を観察して、水槽のコンセプトを引き出すとよいでしょう

サンゴとは？

サンゴとは腔腸動物の１種で、広義にはクラゲやイソギンチャクに近縁な動物です。サンゴの多くは、ポリプと呼ばれる小さな個虫が寄り集まった群体の姿をしています。多くのサンゴは体の表面に褐虫藻と呼ばれる藻類を共生させて、それらが光合成によって生産するエネルギーを得て生活しています。

サンゴ礁は、色々な種のサンゴが複合的に絡み合った生物相です。中でも造礁サンゴの仲間は、石灰質の堅い骨格を形成することで、サンゴ礁の基礎を作っています。

サンゴと呼ばれる生物をさらに大きく分けると、「ハードコーラル」と「ソフトコーラル」との２つがあります。ハードコーラルのほとんどは造礁サンゴで、ソフトコーラルは石灰質の骨格を持たない八放サンゴ類を表現したアクアリウム用語です。さらに具体的に見ると、ソフトコーラルのポリプにある

ミドリイシ類は、小さな枝の破片から大きく育てることができます

八放サンゴであるツツウミヅタのポリプには、8本の羽状触手があります

六放サンゴのアワサンゴの触手は、6の倍数である12本

触手の本数は8の倍数であるのに対して、ハードコーラルの触手は6の倍数であることから、六放サンゴと呼ばれています。

サンゴは、比較的暖かい水温20～25℃の浅い海に生息しています。これは、先述した褐虫藻が光合成を行なうのに適した環境であることがポイントです。透明度の悪い暗い海底では、限られた種のサンゴしか育ちません。

水槽で飼育されるサンゴの多くは、インドネシアや南太平洋の海から輸入されています。ハードコーラルやソフトコーラルは色々な種が飼育対象になっていますが、最近はバディング・サンゴといって、マザー群体から枝打ちした小さな群体が多く輸入されています。こうしたバディング・サンゴは小型水槽からでも飼育しやすいので、サンゴ飼育初心者にはおすすめです。

販売されているサンゴの形は種によって様々ですが、小さなポリプがひとつあれば増やすことは可能です。その点はサンゴ飼育においての大きな魅力になっており、魚を中心とした飼育と双璧の楽しさや奥深さを備えた世界といえるでしょう。

サンゴの育て方

サンゴを育てるためには、水質をできるだけ貧栄養化することが大切です。つまり、リン酸塩やケイ酸塩、亜硝酸塩を除去し、アンモニアはほぼ0に近い値を維持します。さらに、炭酸塩硬度を7～10dKHに保つことも大切です。こうした環境作りには、ベルリンシステムが有利とされています。

貧栄養化には、底砂やライブロックの状態が落ち着いていることが前提になるでしょう。その上でカ

パラオの砂地で見られた、ミドリイシの仲間。黒白模様がかわいい魚は、ミスジリュウキュウスズメダイです

ルシウムリアクターが安定的にカルシウムイオンを抽出し、炭酸塩硬度を維持できればよいわけです。水槽が安定していない段階で魚をたくさん入れて、餌を多く与えていると、栄養塩が蓄積してサンゴの成長は止まってしまいます。そのため、魚が多い場合には換水量も多くする必要があるでしょう。あるいは、高出力のプロテインスキマーを設置するなどの対策も有効です。

水質面がクリアできれば、次に大切なポイントは照明です。ミドリイシ類やソフトコーラルの成長には、適度な光が必要です。光が不足するとサンゴは成長が止まり、ポリプが開かなくなってしまいます。サンゴが求める光は、単純に明るければよいわけではありません。明るさの中にも幅広い波長域をもった光に、反応するサンゴが多いのです。具体的には、メタルハライドランプやシステムLED、T5蛍光灯などを使うのが一般的です。

水質、光の次に大切なポイントは、水流です。サンゴの群体に適度な水流があたることで、サンゴのポリプは活性化し、成長が促進されます。水槽内に適度な水流を起こすには、メインとなる循環ポンプの他に、水流用のポンプやプロペラを設置しましょう。また、水槽が小さい場合は小さなパワーヘッドなどで対応します。

サンゴ水槽に適した海水魚

サンゴ水槽に相性のいい魚を選ぶには、それぞれ

力強く成長を続ける、アナサンゴモドキの仲間。強い刺胞毒を持っており、ファイヤーコーラルと呼ばれます。パラオにて

の魚種の習性を、詳しく知っておくとよいでしょう。基本的には、サンゴにちょっかいを出す（サンゴを食べる）魚はNGです。具体的にはチョウチョウウオの仲間やクロベラ、ミヤケベラなど、ポリプ食性のベラなどが挙げられます。他には大型ヤッコの中にも、個体によってはサンゴを突っつく個体がいるので注意しましょう。ヤッコ類は小型ヤッコを含めて、十分に人工飼料に餌付けてから、サンゴ水槽に導入することをおすすめします。

これら以外であれば、どんな種でもよいかといえば、そうではありません。サンゴ水槽の常温は25℃前後なので、それよりも低い水温を好む魚種は入れないほうがよいでしょう。つまり、実際にサンゴ礁にはいない魚は、サンゴ水槽には不向きなのです。

サンゴ水槽に向いている魚としては、コケ対策にもなるハギ類、スズメダイの仲間、キュウセンなどのベラの仲間、テンジクダイの仲間、マンダリンフィッシュなどテグリの仲間、ハゼの仲間などでしょうか。大切なことは、水槽のコンセプトとして、その水槽がサンゴを大切にしている水槽か、魚を大切にしている水槽かを明確にすることでしょう。中途半端なコンセプトでは、上手くいかないことが多いのです。

いずれの魚を入れるにしても、水槽の容量に余裕をもった大きさや匹数に抑えることが、水質維持につながり、水槽のメンテナンスを楽にすることになります。

ハードコーラル 図鑑

サンゴには様々な種類がいますが、まずはハードコーラルに分けられるものを紹介しましょう。色も形も、種によって大きく異なり、それぞれに個性があります

撮影／円藤　清

タコアシサンゴ

触手の先端が球状で、蛍光色がのった美しいサンゴです。色調には個体差があり、グリーンのタイプが人気。飼育は比較的容易です

コモチハナガササンゴ

ポピュラーな種ですが、長生きさせるのは難しいサンゴです。ポイントは光の加減と適度な水流で、調子がよいと骨格よりも長いポリプを出します

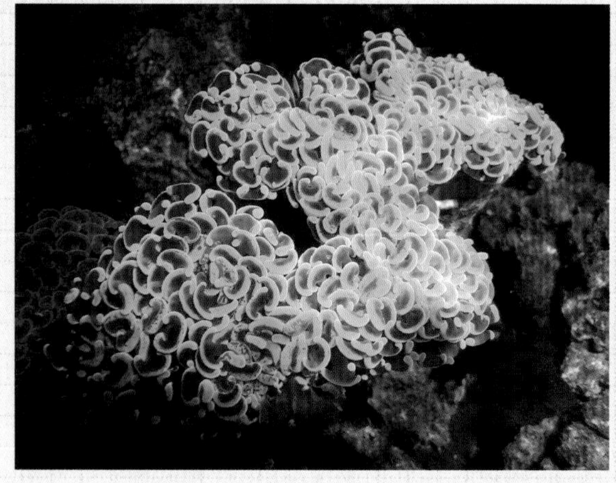

ナガレハナサンゴ

ハンマー型の独特なポリプの形状をしたサンゴで、群体の骨格は巨大なものが多いです。ポリプの中で長いものは攻撃用のスウィーパー触手と呼ばれています

ハナガタサンゴ

蛍光色が多彩な種で、共肉は骨格の山に沿って隆起します。餌（動物性プランクトン）をしっかりと与えたいサンゴです

ヒユサンゴ

カラーバリエーションが豊富なサンゴです。非固着性で、自然下では砂底に落ちています。他のサンゴとの接触を嫌うため、レイアウトの際には注意しましょう

チヂミウスコモンサンゴ

骨格が肉薄で、成長が速い種です。うまく育てていると、プレート状から写真のような直径20cmほどの群体に成長するまで、２年ほどです。右のグリーンは、珍しいカラーです

ミドリイシの仲間

ハードコーラルの中でも代表的なグループです。種を特定するのは難しいですが、枝の太さや混み具合、ポリプの展開の仕方などを手がかりに、同定してみるのも面白いでしょう

ソフトコーラル 図鑑

サンゴの中でも比較的大きなポリプによって構成され、ポリプが水中でゆっくりと揺れる姿が美しいソフトコーラル。水質や光量などに対して、ハードコーラルに比べるとデリケートではない種が多いです

撮影／円藤 清

スターポリプ

「ムラサキハナヅタ」の和名もあります。共肉の色やポリプの形状、色彩にはバリエーションがあり、ポリプが蛍光グリーンのタイプは人気が高いです。飼育は容易で、安定した環境下では増殖も速いです

ストロベリーコーラル

群体内に褐虫藻を持たない、陰日性のソフトコーラルです。長期飼育するには、ポリプが開く夜間にコペポーダや液状飼料など微細な餌を与える必要があり、飼育はやや難しいです

チヂミトサカ

房状の枝ぶりが特徴で、感触はゴワゴワとしています。ややデリケートで、飼育条件が悪いと溶けやすいです。光と水流をしっかりとあてるのがポイントです。体内には褐虫藻を持ちます

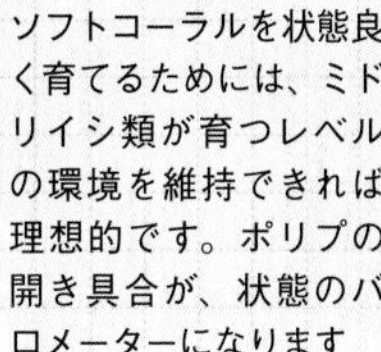

ソフトコーラルを状態良く育てるためには、ミドリイシ類が育つレベルの環境を維持できれば理想的です。ポリプの開き具合が、状態のバロメーターになります

蛍光灯でも育つ色々なソフトコーラル。ソフトコーラルがポリプを開く条件としては、水中ポンプを使った適度な水流も大切です。色とりどりのソフトコーラルは、ハードコーラルに負けない魅力があります

サンゴを中心に楽しむための水槽コレクション

58 ～ 63 ページでは魚中心の水槽例を取り上げましたが、ここではサンゴの育成を優先した水槽をご覧ください。サンゴ育成のポイントとなるのは、そのサンゴに適した水質や光量、水流などです。ここでは、比較的管理が楽でチャレンジしやすいものから上級者レベルの水槽までを取り上げたので、参考にしてください

撮影すべて／円藤　清

蛍光灯で楽しめる丈夫なヌメリトサカ

DATA
水槽：22 × 22 × 26（高）cm
ろ過：外掛け式フィルター
照明：8W ライト
生物：ヌメリトサカ、カイメン、ケヤリムシ、ベニハゼ属の１種、ハナゴンベ

夜は夜で、神秘的な雰囲気を醸し出します。卓上サイズの小型水槽は、ちょっとした室内灯のような役割も果たしてくれるのです

小型水槽は水量が少ないぶん、外気の影響で水温が上昇しやすいです。置き場所によっては夏場の高水温対策が必要で、水温は 27℃以下を保つのが理想的です

外掛け式フィルターには、リング状ろ材を使用しています。この水槽では２週間に１度、２～３ℓほどの換水を実施

小さなハナゴンベの幼魚が、この水槽にはちょうどいい存在です。適度に泳ぎ回り、水槽に彩りを添えてくれます。コペポーダや細かなペレットに餌付きます

本格的な装備の小型水槽でミドリイシを飼育

小型水槽でも、水質管理さえしっかりすれば、ミドリイシ類の飼育が楽しめます。斜めカットの水槽はおもしろい視界を作りますが、コケ掃除などがしにくいため、コケ掃除用マグネットなどを使うと便利です

DATA

水槽：30 × 30 × 30（高）cm
前面斜めカットアクリル水槽
サンプ：エアリフト式ベルリンスキマー設置
周辺器具：カルシウムリアクター
照明：蛍光灯 18W × 2 灯
生物：ミドリイシ類 4 種、リュウモンサンゴ、オオスリバチサンゴ、ヒユサンゴ、ノウサンゴ

小型水槽用のカルシウムリアクター。水質の炭酸塩硬度を保ち、ミドリイシ類がカルシウムを取り込みやすい環境を維持します。換水ペースを楽にしてくれる装置でもあります

魚はあまり入れないほうが、水質管理は楽です。この水槽では、コケ対策に小さなヒレナガハギでも入れるとよいでしょう

プロテインスキマーのカップには汚水が溜まりますが、調子のいい水槽では、この汚水は無臭です。定期的に水洗いして、きれいにしましょう

水槽の高さを活かしたカリビアンコーラル水槽

DATA

水槽：60 × 45 × 60（高）cm
水質管理：ベルリンシステム
周辺器材：エアリフト式小型プロテインスキマー
照明：150W メタルハライドランプ
生物：ロイヤルグラマ、ラッセバス、ブルーハムレット、コブハマサンゴ、ヨコミゾスリバチサンゴなど

カリブ海産のソフトコーラルを使ったサンゴ水槽です。サンゴ水槽のレイアウトは、熱帯魚の水草水槽と通ずるところがあり、メインになるセンタープレーヤーがいて、その脇を固めるように形状の異なるサンゴをバランスよく配置していくと、見栄えがよくなります

カリブ海を代表する魚と言える色鮮やかなロイヤルグラマ。サンゴ水槽に、よく似合います。魚は他に、ラッセバスとブルーハムレットも同居しています

サンプの中は、エアリフト式の小型スキマーのみ。月に1回、20ℓの水を換えており、定期的にカルシウムやヨウ素、マグネシウムの添加剤を投与しています

オーバーフロー式ろ過にてソフトコーラルを育成

ろ材を用いたオーバーフロー式のろ過によって、水質管理している90cm水槽。ソフトコーラルのために、ヨウ素を適量添加しています。水換えは2週間に1回、コケ掃除をしながら70ℓ程度。システムがシンプルなためメンテナンスがしやすいのも、オーバーフロー式のメリットです

DATA

水槽：90 × 45 × 45cm
ろ過：オーバーフロー式
照明：150W メタルハライドランプ× 2 灯
水温：25℃
生物：タイガークイーン、オオテンハナゴイ、クジャクベラ、チヂミトサカ、カタトサカ、トゲトサカ、ディスクコーラル、ウミキノコ

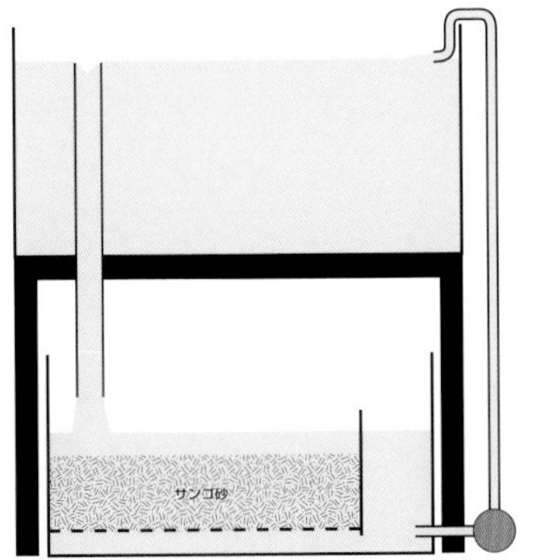

オーバーフロー式では、下段のろ過槽内にろ材（一般的なのはサンゴ砂）を敷き詰めます。ゴミを漉し取る「物理ろ過」と、ろ材に発生したバクテリアによる「生物ろ過」とによって、水をきれいにします

ソフトコーラルと相性のよいタイガークイーンやロイヤルラスなどの小型魚を、適度に混泳させています。魚への餌は冷凍イサザアミ

60cm規格水槽で飼育するミドリイシ類

炭酸塩硬度 9dKH、水温 25℃の環境を保ち、リン酸塩や硝酸塩、ケイ酸塩などの栄養塩を徹底的に除去するように心掛けています。そうすることで、サンゴ育成のためには小型と言える 60cm 水槽でも、ミドリイシ類を十分飼育できるのです

DATA

水槽：60 × 30 × 36（高）cm
水質管理：ベルリンシステム
周辺器材：マルチリアクターピコ、マメスキマー
照明：オプティマス T5 蛍光灯× 4 灯、LED ライト MXT ホワイト＆ブルー
水温：25℃（クーラー TC-10 使用）
換水：2 週間に 1 回 50ℓ（人工海水＋ RO 水）
生物：ミドリイシ、トゲサンゴ、エダハマサンゴ、カワラサンゴ、ヨコミゾスリバチサンゴ、オオタバサンゴ、クサビライシ

T5 蛍光灯と LED を併用した照明。水槽上部を覆うため、メンテナンス時には取り外す必要がありますが、安価で経済的です

下段にはクーラーを完備しているので、夏場でも適正な水温管理ができます。レッドシー社リーフケアプログラムの添加剤を使って、ミドリイシ類が好む水質環境を作り出しています

カルシウムリアクターのメディアは、二酸化炭素に反応すると除々に減るので、定期的な補充が必要です

T5 蛍光灯の蛍光管には波長の異なるいくつかの種類があるので、飼育するサンゴの反応を見ながら組み合わせるとよいでしょう

サンゴのための本格的なリーフアクアリウム

水槽一面にサンゴがレイアウトされた、見事なリーフアクアリウム。これだけの水槽を維持するためには、水質を貧栄養化し、サンゴと相性のいい照明器具を設置することがポイントになります

照明は、メタルハライドランプとシステムLED照明の併用。前面のメタハラには角度が付けられており、ミドリイシ類にできるだけ陰ができないよう工夫されています

魚は最小限のみ。ポリプ食性のスミツキトノサマダイはサンゴを若干突っつきますが、これだけ広い面積があれば、問題はありません。水質管理の上では、魚には無給餌でいると、水槽内の栄養塩の増加を防ぐことができます

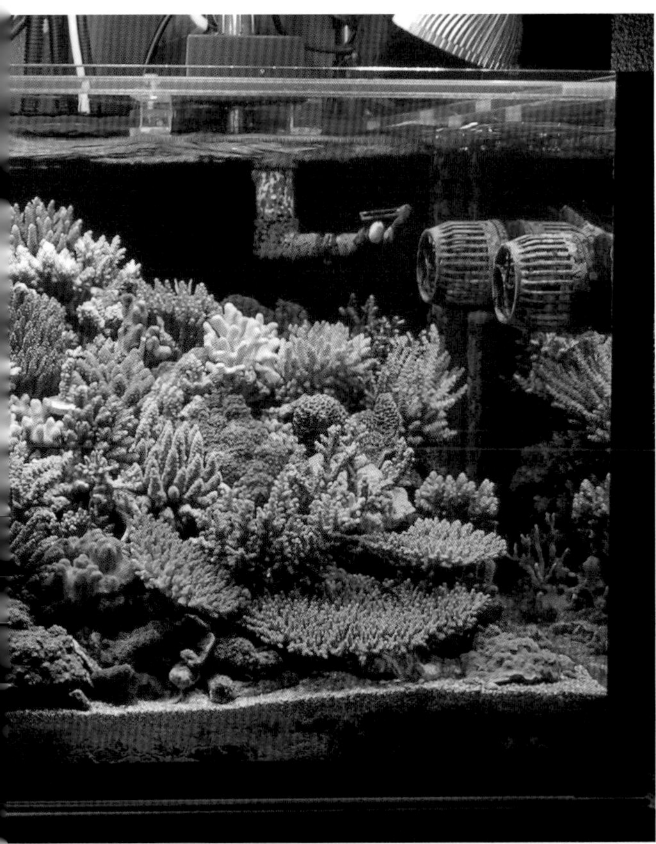

DATA

水槽：149 × 51.5 × 55（高）cm
水質管理：ベルリンシステム
周辺器材：カルシウムリアクター、プロテインスキマー
照明：
○ LED ＝ eco-lamps KR93SP-24S、KR93P-30S、VitalWave7W（Violet）、GrassyLeDio9PLUS（Aqua400UV）× 2、GrassyLeDio27（Reef Deep）× 2
○メタルハライドランプ＝ランプネットワーク スーパークール 115（アクアブルー散光）× 2、スーパークール 115（マリンブルー集光）× 2、スーパークール 115（マリンブルー散光）× 3、、スーパークール 115（ディープブルー散光）
　※スーパークールは 2 つごとに 4 つのグループに分けて 1 時間差で点灯させ、1 灯あたり 5 時間の点灯。そのため全点灯となるのは 1 時間のみ
生物：ミドリイシ類、コモンサンゴ類、トゲサンゴ、ショウガサンゴ、スミツキトノサマダイ、レンテンヤッコ、オーロラゴビー

ミドリイシ類は、種やタイプによって色揚がりをする光の波長が異なります。きれいに育てるためには、照明が放つ光の波長を意識することが大切なのです

水質の貧栄養化を徹底すれば、ミドリイシ類を褐色化させず、蛍光色に色揚がりさせることができます。色の素養は、それぞれのサンゴによって異なります

ここからは、病気を出さないための注意点と、
万が一発症してしまった場合の対処法についてを解説します。
守るべきことを守っていれば、海水魚の飼育は決して難しいものではありません。
ぜひとも正しい世話をして、いつまでもマリンアクアリウムを楽しみましょう

病気を防ぐ飼育法 病気にさせない飼育法

海水魚を調子よく飼い続けるためには、体調に問題のない健康な個体を入手することが、何よりも大切です。しかし、せっかく状態のよい個体を飼い始めたとしても、飼育初期の管理や日頃のメンテナンスなどを怠ると、病気の発症につながってしまいます。病気に対しては、"発症したら治療する"ではなく、"出さないことが大切"であると覚えておきましょう

文／円藤　清

飼育初期の管理法

海水魚飼育で失敗を招きやすい例として、新しい魚を水槽に入れた後に、病気が発生するということが挙げられます。先住魚がいる水槽では、いじめや追いかけが始まり、新入りの魚は初めは健康であったとしてもストレスから白点病などの病気になりやすい状態になります。

また魚同士の組み合わせに失敗すると、病気にはならないまでも、ヒレがボロボロになったり、場合によっては魚を死に至らしめます。水槽内で魚が死んでしまったら、腐敗する前に取り出さなければなりません。水槽内が岩でレイアウトされていると魚の死骸に気がつかない場合もあるので、飼育魚の毎日の観察は重要です。もちろん、新しく加えた魚による病気の持ち込みは、本来あってはならないことです。

こうしたトラブルを防ぐには、新入り魚を念入りにトリートメントしたり、隔離しながら段階を追って慎重に混泳させることが大切です。まずは、信頼のできるショップで、問題のなさそうな個体を購入するようにしましょう。持ち帰ったら、収容先の水槽に浮かべた隔離ケースに入れて様子を見ます。あるいは、配管でつながった小型水槽などがあれば理想的です。

まずは隔離した状態で、新しい魚が病気にならないか、餌付くかを見極めます。特に、チョウチョウウオの仲間など、白点病やヒラムシの寄生を受けやすい魚種を混泳させる場合は、注意が必要です。白点病が出るようならすぐに薬浴水槽に移動しなければなりませんが、2週間ほど飼育して問題がなければ、メインの飼育水槽へ移してもよいでしょう。魚の体調や魚同士の力関係のバランスなどを崩す原因の多くは、無理、あるいは無計画な混泳にある場合が多いので、くれぐれも注意してください。

魚同士の組み合わせに失敗すると、弱い個体がいじめられたり、力関係のバランスが崩れてしまいます。特に、後から魚を追加するときには注意しましょう

サンゴ水槽での注意点

サンゴ水槽など多くのリーフアクアリウムでは、白点病などの病気が出てしまうと投薬ができないため（サンゴが薬に弱いため）、治療が後手後手に回りがちです。ヤッコ類など丈夫な魚種であれば、軽度の白点病になっても、餌食いが落ちずにしっかりしていれば、自然治癒する場合も多くあります。白点

健康な魚は、餌を見るだけで寄ってきたり、水面に落ちた餌へ一目散に集まってきます

病に神経質になるあまり、過敏な薬浴をしてしまうと魚の褪色を招いてしまいます。しかし、万が一サンゴ水槽内で病気が発生し、自然治癒の見込みがない場合には、レイアウトを崩す覚悟で魚を掬い出し、水槽から魚を出した状態（サンゴは残したまま）で1か月ほど水を回していれば、再び魚を入れても大丈夫なことがあります。魚を出してからは換水を多めにし、サラサエビなどを入れてデトリタスなどの掃除をまめにしておけば、さらに効果的で病気の再発生を食い止めることができます。

また、底砂を5cm以上と厚めに敷いていると、硝酸塩が蓄積しやすくなります。その結果、換水しても海水の黄ばみが解消しなかったり、サンゴの調子が落ち気味になるので、底砂は１～２年のスパンでガス抜き棒などで掃除するとよいでしょう。掃除の際には、嫌気層をかき回し過ぎて、水質が一気に悪化しないように注意が必要です。また、急激なメンテナンスで生体が驚かないように、プロテインスキマーやカルシウムリアクターなどの設備が整っていることも、水槽を長くキープできるポイントです。

給餌と水質維持が大切

水質や水槽内の環境が安定し、魚の調子も良好な状態がキープできていれば、あとは魚に栄養バランスのいい給餌をして、定期的に換水を行なうことが重要となります。海水魚だけの水槽であれば、少々の手抜きメンテナンスでも、魚にはそれほど支障はありません。それでも、体色が損なわれたり、体型が崩れて成長したりと色々な弊害が起こるので、その基本となる海水成分の維持は大切です。換水で対処できない場合は、各種添加剤を上手に使えば、海水成分を維持することも可能になります。

魚中心の水槽であれば、カルシウムとマグネシウム、アイオデン（アイオダイン）などの供給が効果的です。さらに、魚の匹数が多い水槽では、硝化バクテリアなどを投入することで、ろ過作用を安定させることも可能です。海水の汚れを気にして魚への給餌を控えていると、海水魚は色落ちし、やせてしまいます。そうならないためにも、十分な給餌量と定期的な換水を欠かさないようにしましょう。

病気の対策と治療法

海水魚が発症する病気の種類はいくつかありますが、発症しやすい「白点病」、「ウーディニウム」、「ハダムシ症」に絞って、対策と治療法を紹介します。いずれの病気も早期発見・早期治療が鍵となるので、日頃から魚をよく観察するようにしましょう

文・撮影／西川洋史（東京海洋大学大学院 博士［海洋学］）

白　点　病

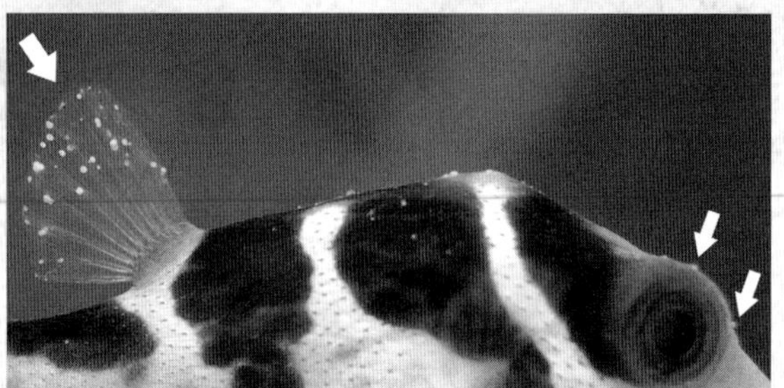

写真1　背ビレおよび背中側の白点

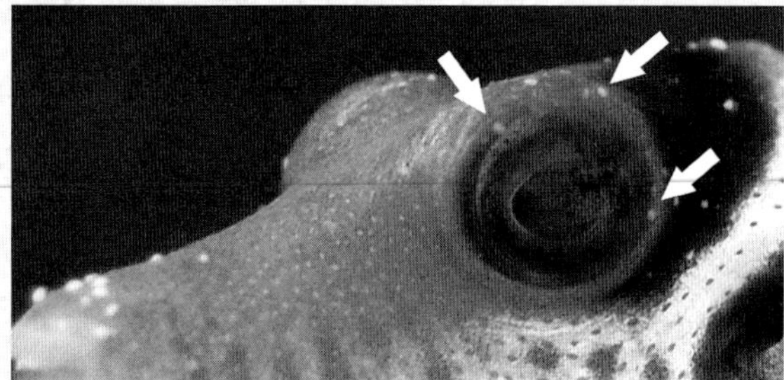

写真2　眼球に生じた白点

●白点病の症状

白点病は「白点」という名前の通り、ヒレやエラ、眼球、体表面に0.5mmほどの白い球形の粒が多数生じる病気です（写真1、2）。寄生数が多くなると魚の体表面の粘液分泌量が増えるとともに粘液細胞も増加して皮膚が厚くなる（肥厚）こともあります。酷い場合は表皮の剥離や崩壊、さらにはヒレ全体を失ってしまうこともあります。

エラの表面に寄生されると大変やっかいで、その他の部分に寄生されたときよりも死亡しやすくなります。というのもエラには、酸素と二酸化炭素を交換するガス交換機能だけではなく、体内の塩分を一定に保つ浸透圧調整や老廃物アンモニアの排出など大変重要な生理機能が備わっているからです。

これらの生理機能はエラ表面での物質移動で成り立っているのですが、付着している白点虫がこれを妨げます。白点症状の他にエラの開閉運動が速いわりに動作が緩慢だったり、ぐったりとしているときはエラへの大量寄生が疑われます。逆に魚がぴゅんぴゅんと突発的に泳ぐ、あるいは石などに体をこすりつけることがあります。

これは白点虫が魚の組織を食すときの刺激によって引き起こされる行動とされます。また、水中に漂っている白点の仔虫が皮膚に侵入するときも、同様の刺激があります。白点が見られなくても、突発的に泳いでいるときは白点の仔虫が今まさに侵入している最中かもしれません。

さて、魚は硬い鱗や粘液に含まれる各種抗菌物質により物理・化学的に保護されています。実際、一部の病原細菌は傷口に選択的に付着することが確認されており、体表面バリアーの重要性が裏付けられています。白点虫の摂餌活動や魚のこすりつけは体表面バリアーを破壊するので、細菌やウイルスの付着を容易にします。このように、ある病気が原因で別の病気が感染することを「二次感染」、その症状を「二次感染症」と言います。

実は白点病による二次感染は起こりやすく、症状を見つけたらその他に異常はないか注意する必要があります。皮膚が腐っていくような症状や出血は細

白い粒が、魚体から落ちた白点虫（プロトーモント）。プロトーモントが動いているのは、よく見ると肉眼でもわかります

菌による二次感染症の可能性があるので、そのような症状があるときは細菌感染の治療薬も併用しなければなりません。

●予防

1. 予防機器・器具

白点病の予防には紫外線殺菌灯が有効です。紫外線を浴びた白点虫は遺伝子やタンパク質が破壊されるため感染能力を失います。紫外線殺菌灯は高価ですが、そのほかの病気を予防する効果もあるので導入するとよいでしょう。

プロテインスキマーは微小な泡の力で水中の懸濁有機物を除去する道具であり、白点虫も除去すると言われています。また、銅イオン濃度を長期間維持する「カッパーセル」（日本動物薬品）を入れておくのも方法です。

2. 新規個体の扱い

白点虫を持っている個体を導入したことで一気に蔓延することもあります。白点虫は１匹でも付いていると何百倍にも増えます。また侵入したばかりの仔虫は目では見えません。「目でよく確認しても、白点がいないからメインタンクにいれてしまおう」とはせず、トリートメントタンクで１週間ほど薬浴をしてください。

特に観察すべき時間帯は、白点が現れる夜です。もちろんトリートメントタンクの水が、メインタンクに流れるようなことはあってはなりません。逆に自宅のメインタンクに常在する白点虫が新しい魚に感染することもあるので、導入後１週間程度はよく見てあげましょう。

3. 水槽管理後に注意

水槽のメンテナンスを行なった後は特に注意が必要です。フィルターやろ材には、低酸素状態に陥って休眠しているトーモントがいるかもしれません。水槽メンテナンスで、このような低酸素空間に酸素が供給されると、仔虫の分裂が一気に進むことがあります。筆者もフィルター（特に底砂）を掃除して

白点病に効果的な殺菌灯

**白点病に限らず病気は、発症しないに越したことはありません。
殺菌灯は、白点病の予防に効果があるとも言われているので、試してみるのもよいでしょう。
ここに取り上げた以外にも様々な殺菌灯が販売されているので、水槽サイズなどに応じて選びましょう**

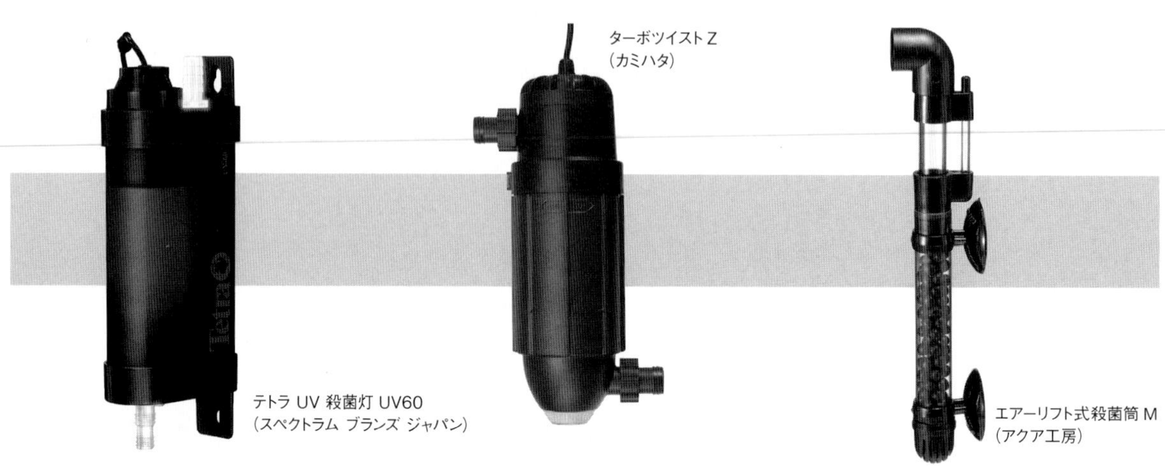

テトラ UV 殺菌灯 UV60
(スペクトラム ブランズ ジャパン)

ターボツイスト Z
(カミハタ)

エアーリフト式殺菌筒 M
(アクア工房)

から数日後に白点病が大発生するという経験を何回かしておりますが、おそらくそのような理由です。

養殖場では台風の後や低水温後に白点病が発生することが多いようですが、これは台風による水流の攪拌や低水温による溶存酸素濃度の上昇（水は低温のほうが気体を多く溶かす）により、休眠状態から目覚めたためと考えられています。

●治療薬

海水魚の白点病の治療には硫酸銅が用いられてきました。銅イオンは殺菌作用が強く白点病に対して大変威力があります。しかし、無脊椎動物を飼育している水槽では使用することはできません。多くの無脊椎動物は呼吸色素として「ヘモシアニン」を用いていますが、この色素はタンパク質と銅からできています。そのため環境中に銅イオンが多量にあると合成や機能が阻害されるようで、エビやカニ・貝類は硫酸銅に大変弱いのです。また、銅イオンは光合成に関与する酵素の成分なので、同様に硫酸銅で藻類が枯れることがあります。一方、魚の呼吸色素は鉄を成分とした「ヘモグロビン」なので海水中の銅イオンの影響を受けにくいようです。

しかし、そうはいってもやはり濃度が高いと毒性があります。さらに使用する硫酸銅はごくわずかなので計量の際は十分に気をつける必要があります。硫酸銅治療で失敗する原因は、微量調節ができなかったというケースも多いのではないでしょうか。

では具体的な濃度についてですが、銅イオンが 0.15 ～ 0.2mg/ℓとなるように銅化合物を入れます（大変薄い濃度です）。例えば「硫酸銅・五水和物」（青い結晶）の場合、最初にその結晶 6 ～ 8g を 1 ℓに溶解します。結晶中には硫酸イオンなども含まれるため、実際の銅イオン量は結晶重量の 4 分の 1 に

白点病治療に使える魚病薬

魚病薬も、様々なものが販売されています。使用の際には説明書をよく読み、用法・用量に気をつけましょう

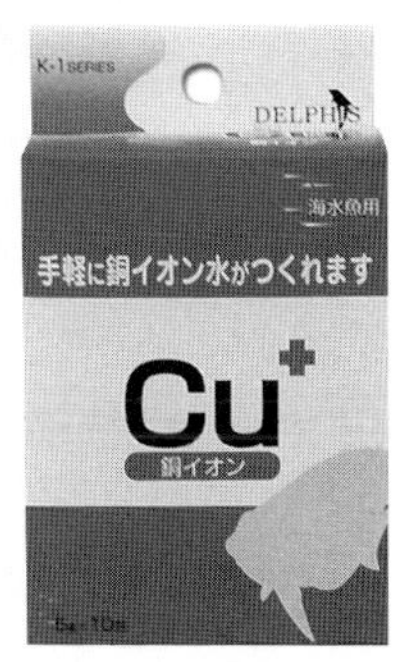

銅イオン
（デルフィス）

白点キラー
（松橋研究所）

グリーンＦゴールド顆粒
（日本動物薬品）

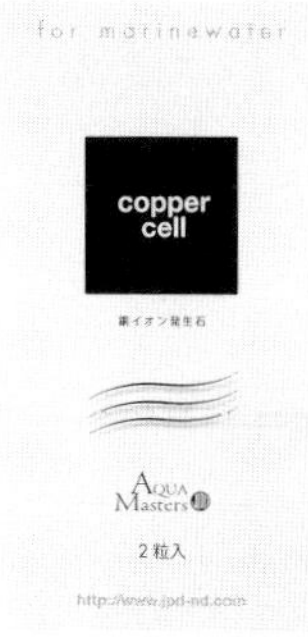

カッパーセル
（日本動物薬品）

キュプラミン
（シーケム）

なります。そのため、この硫酸銅水溶液における銅イオン濃度は 1.5 ～ 2g/ℓとなるので、薬浴時には 10,000 倍希釈して使用します。例えば 10ℓの海水に対してはこの濃い硫酸銅溶液を 1mℓ加えます。

ところが、理論上はこのように調製すれば規定濃度になるのですが、銅イオン濃度は pH の影響を受けて増減します。また石灰質のものに吸着されます。そのため市販の銅イオンテスターで測定しながら調製することが推奨されています。

淡水魚の白点病に用いられる「マラカイトグリーン」という色素も海水魚の白点病に対して効果があると考えられます。マラカイトグリーンを成分とした市販薬にはジプラエース、スーサンエース、アグテン、ヒコサン、フレッシュリーフなどが挙げられます。海水魚の白点病治療でこれらの薬を使用した事例も多く、いずれも入手しやすい製品です。マラカイトグリーンは強い光で不活化するので、使用する際は紫外線殺菌灯を消したほうがよいでしょう。

マラカイトグリーンも高濃度では魚に対して毒性を発揮し、サイズの小さな淡水魚では規定濃度３倍で死亡することがあります（例えば全長 15mm くらいのコリドラス稚魚）。しかし、大型魚では耐性が高くなり、５倍濃度で 10 日以上の薬浴を行なっても問題ないケースがあります。海水魚は一般的にサイズが大きいので規定濃度で問題ないと筆者は考えています。ただ、海水は淡水と異なり様々な塩類が含まれており、さらに薬の効果に大きな影響を与える pH は 8.0 程度と淡水よりも高くなります。また海水魚と淡水魚では浸透圧調節や排泄などの生理機能について大きな違いがあります。そのため、海水魚の治療における使用事例とその効果、無脊椎動物に対する毒性についてはデータを蓄積し、知見を広めることが必要でしょう。

このほかに過酸化水素やホルマリンによる駆除も

知られています。ただし、いずれの薬も活性炭や各種吸着剤で除かれてしまうので、薬浴時はフィルターから取り除いておく必要があります。それでも、水槽に入れた薬は底砂への吸着や分解により徐々に効果が衰えてきます。白点虫が水中を泳ぎ始める夕刻に投与するとよいでしょう。

●治療方法

まず、「飼育生物が無脊椎動物をメインとし、トリートメントタンクを準備するのが不可能」の場合は、薬を使用できないので白点病を収束させるのは大変難しくなります。プロテインスキマー、紫外線殺菌灯の設置により、水中を漂う仔虫の数を減らすしかありません。クーラーにより水温を19℃以下にすることで（余裕をみて18℃以下がよいでしょう）、白点虫の成長を止めることも可能かもしれません（ただし水温を上げると再発します）。

次に、「無脊椎動物をメインとし、トリートメントタンクの準備が可能」の場合です。水槽内のすべての魚が白点虫に感染している可能性があるので、できれば全個体をメインタンクから取り出して、トリートメントタンクで薬浴します。この間、メインタンクはそのまま状態を保ち、残る白点虫の成長を促します（セロントになってしまえば一晩で感染能力を失う）。魚体表面の白点が見られなくなったら戻してもよいのですが、メインタンクにおけるセロント放出は１ヵ月程度続くこともあり、その期間隔離しておくのが無難でしょう。

「無脊椎動物はおらず、トリートメントタンクの準備が不可能」の場合は、フィルター内の活性炭・吸着性ろ材を除いてから投薬してください。それでも他のろ材やサンゴ砂などに薬の成分が吸着されます。銅イオン系の薬を使用するときはセロントの放出がなくなるまでの１ヵ月間、銅イオンテスターでモニターしながら適切な濃度を保ちましょう。一方、マラカイトグリーンや過酸化水素、ホルマリンの測定キットはないので、それらの効果が続いているかどうか判断できません（筆者も悩むところです）。ちなみにマラカイトグリーンは無色透明になると効果がないとされます。筆者がクマノミの白点病治療を行なったときは、マラカイトグリーンを入れても翌日には無色になってしまうので、規定量の投与を数日間毎晩行なって完治させました（ただ、繰り返し投薬による有効性については、今後ともデータを蓄積する必要がある）。

最後に「無脊椎動物はおらず、トリートメントタンクの準備が可能」な場合について。まず、すべての魚をトリートメントタンクに移動して薬浴を始めます。薬浴をしている間にメインタンクの水槽、フィルターをすべて掃除し乾燥させます（再セットアップ）。乾燥により休眠状態の白点虫も駆除できるのでメインタンクはすぐに使えます。

一方、トリートメントタンクでは、魚から離脱したトーモントが水底に付着しています。トーモントが成熟しても、放出されたセロントはすぐに薬で駆除される状況にあります。白点の有無を夕方から夜にかけて確認し、症状が消えてから６日間再発しなければ、白点虫はトーモントとして水底に残るのみです（最後に感染したものが成熟するのに長くて６日程度）。この段階で念のためもう一度投薬し、しばらく薬浴をしてから魚をメインタンクへ移動します。

このように薬浴＋水槽の立ち上げなおしでトーモントを大々的に駆除することで、 理論上は１ヵ月もかからずに薬浴を終了させることができます。労力はかかりますが白点病が大発生したときは最適でしょう。

ハナビラクマノミの治療過程

ヒレや体表に 0.5mm 以下の白点がまばらに付いたハナビラクマノミを、筆者が硫酸銅にて治療しました。日に日に、白点が落ちていく様子がおわかりいただけるでしょう

薬浴前のハナビラクマノミ

背ビレ

薬浴前の背ビレの様子。矢印先で示したものが、白点です

薬浴３日目の様子。背ビレの縁には、まだ小さな白点が存在します

薬浴６日目の様子。白点は、すっかり消失しました

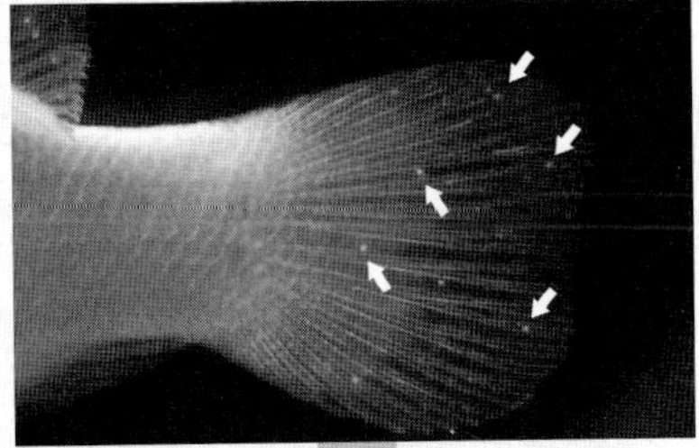

薬浴前の尾ビレの様子。矢印先で示したものが、白点です

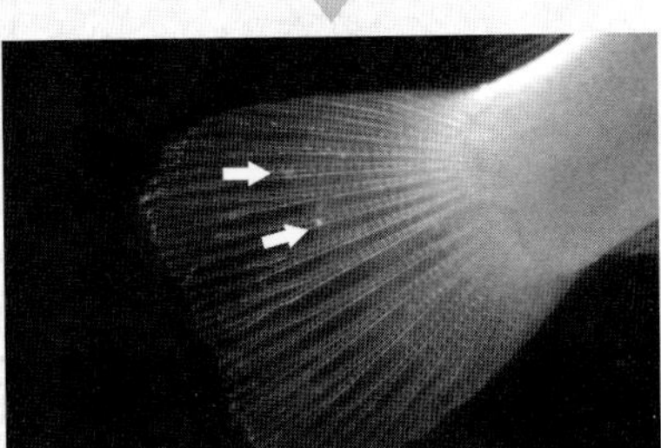

薬浴３日目の様子。まだ２粒ほど残っています

薬浴６日目の様子。背ビレ同様、尾ビレの白点も消失しました

ウーディニウム病

●概要

ウーディニウム病は、体表面に黄色い粉がまぶされたような症状を特徴とし、その様子から「コショウ病」「ベルベット病」とも呼ばれます。しかし、実際はエラの閉塞・壊死を引き起こすため、症状が見られないうちに死に至るケースが多いとされます。

ウーディニウム病は肉質鞭毛虫によって引き起こされる病気で、海水魚だけではなく汽水魚や淡水魚にも発生します。魚類病原性のウーディニウムは、従来は「ウーディニウム属 *Oodinium*」としてまとめられていましたが、個々のウーディニウムは形態や生活環、あるいは対象となる魚種が大きく異なっているため、現在は細分化されています。具体的にはアミルウーディニウム属、ピスキノウーディニウム属、クレピドウーディニウム属、イクチウーディニウム属、ウーディニオイデス属の５属に分けられています。

海水魚を宿主とするものはピスキノウーディニウム属以外のウーディニウム類で、特にアミルウーディニウムは温帯域の海水魚養殖や水族館、個人のアクアリウムでは重大な被害をもたらすことがあります。白点病と大変よく似た生活環を持っており、成熟して魚から落下したウーディニウムは、シストを形成して多数の仔虫を産生・放出します。水中に遊出した仔虫が魚に再感染するのですが、銅イオンやホルマリン、過酸化水素などで駆除します。ウーディニウム病は大変毒性が強いので、症状が出てからの対策ではなく、導入前のトリートメントや定期的な駆除が重要と考えられます。

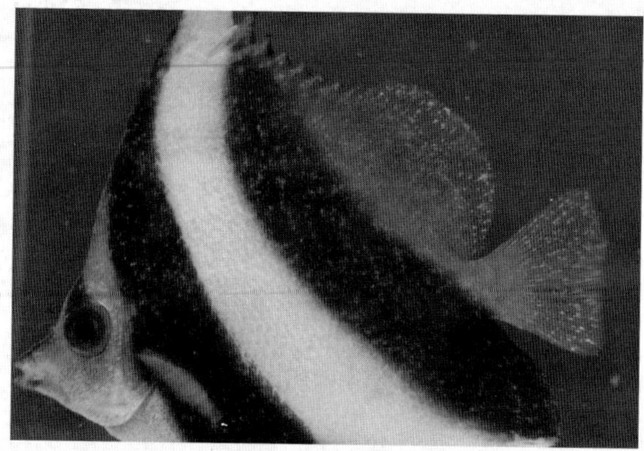

写真１　ウーディニウム病を発症したハタタテダイ。生じる粒子は白点病に比べると小さく、全体に粉をまぶしたようにも見えます

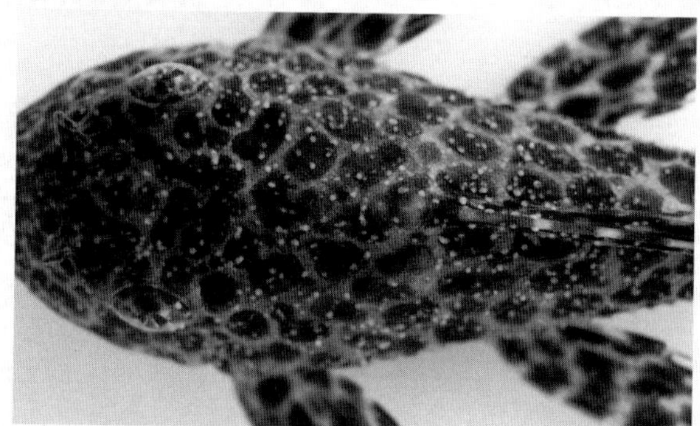

写真２　ウーディニウム病は、淡水魚でも見られる病気です。写真は発症したセルフィンプレコ（アマゾン河に生息するナマズの１種）

●ウーディニウム病の症状

ウーディニウム病は「コショウ病」「ベルベット病」とも呼ばれるように、黄色の粉が体全体にまぶされた症状を呈すると一般的には紹介されています（写真１、２)。この黄色の粒子は体表面だけではなく、偽鰓や鰓腔、鼻腔など水と接しているありとあらゆるところに生じます。体表面の粒子は顕微鏡で拡大するとピペットのゴム帽のような形をしており（トロ

■ウーディニウム類

○アミルウーディニウム属 = ほぼすべての魚類に寄生し、致死性も高い。ハダムシなどにも寄生する。マリンアクアリウムで発症するウーディニウム病の大半は、この属が原因
○クレピドウーディニウム属 = 多くの魚類に寄生するが、致死性は低い
○イクチウーディニウム属 = 卵やふ化仔魚の卵黄に寄生する
○ピスキノウーディニウム属 = 熱帯性淡水魚に寄生する
○ウーディニオイデス属 = 淡水魚・海水魚に寄生するが、報告例はほとんどない

ホントという)、そのひとつひとつが一度に多数の上皮細胞(皮膚の細胞)を食します。

さらに、前後にゆっくりと動くので、皮膚を大きく傷つけます。傷口から水分が出ていく(海水魚の場合)、または入ってくる(淡水魚の場合)ので、体液の濃度が異常になります。その結果、細胞における物質の出し入れができなくなり、機能不全に陥って死に至ります。

傷口は病原菌の侵入門戸(病原菌の侵入口のこと)にもなり、ビブリオ病をはじめとする二次感染症を誘発することがあります。体表面に寄生した場合、魚は岩や砂に体をこすりつける行動をするので、それによって生じた傷も同様に細菌の侵入門戸になります。

しかし、これほどの症状が現れるのは実は一般的でなく、通常は皮膚症状が現れないまま死亡するとされ、特に幼魚ではそのようなケースが多いとされます。肉眼ではまったく症状がないのに死亡している個体は、案外ウーディニウム病かもしれません。

通常、ウーディニウム類の最初の感染部位はエラになります。そのため食欲不振、衰弱、鼻挙げまたは水面付近を遊泳するといった、酸欠に起因した症状が現れます。二次鰓弁にウーディニウムがひとつかふたつくらい寄生している程度では、それほど問題にはなりません。

寄生しているウーディニウムの数が200個ほどになると、エラ組織の過剰形成や炎症、壊死が起こり、たいていは12時間程度で酸欠死します。しかし、寄生数がこれより少なくても死亡することがあります。その場合は、エラのガス交換が阻害されたことによる窒息ではなく、細菌の二次感染や浸透圧の破綻が原因と考えられています。

●予防

1.予防のための機器・器具

アミルウーディニムの仔虫ディノスフォアは紫外線に弱いので、殺菌灯を導入するとよいでしょう。プロテインスキマーは水中の懸濁有機物除去をするので、魚体から離れた虫体の除去に役立つと考えられ

ウーディニウム病治療に使える薬

胴イオン系の魚病薬。観賞魚ショップで販売されているので、入手しやすいです。テスターも発売されているため、ホルマリンや過酸化水素よりも扱いやすいのもメリット

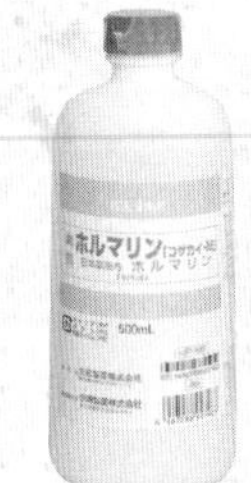

ホルマリン。薬局で購入できますが、身分証明書や印鑑が必要です。劇薬のため、一般的にはあまりおすすめできません

過酸化水素。オキシドールは薬局などで購入できます。駆虫できる濃度と魚の致死濃度の数値が近いので、薬浴に用いる海水とオキシドールの計量は、正確に行なう必要があります

ウーディニウム病に役立つグッズ

紫外線殺菌灯。仔虫のときに、駆除することができます

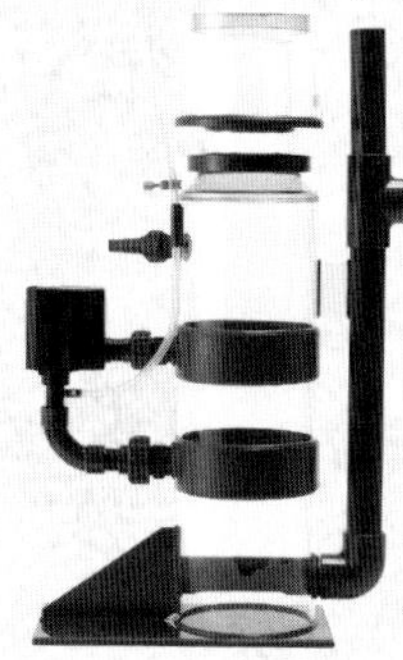

プロテインスキマー。水中の有機物を除去するものですが、虫体の除去にも役立ちます

ブラインシュリンプの卵。幼生をふ化させて、魚の餌にするためのものです。ウーディニウム病の感染は防げませんが、ふ化した幼生はウーディニウムの仔虫を補食してくれます

ます。また、銅イオンを長期間維持する「カッパーセル」を入れておくのもよいでしょう。

2. 生体の検疫（魚以外）

海水魚の飼育では、ライブロックや無脊椎動物、海藻を入れることもあります。このとき、偶然これらに付着していたアミルウーディニウムのトーモントなどが、持ち込まれることがあります。しかし、ライブロックや無脊椎動物をホルマリンで消毒するわけにはいかないので、ディノスフォアが自然消滅するのを待つことにします。

水温が26℃のときトーモントからディノスフォアが出てくるまで3日、ディノスフォアが感染力を維持するのが少なくとも6日であることから、魚のいない水槽に収容して、水温26℃で2～3週間隔離しておけばよいでしょう。

●ウーディニウム病の治療方法

アミルウーディニウムは増殖が大変速く、条件が良ければ1週間で生活環を一巡します。したがって、見つけ次第できるだけ早く治療に取り組む必要があります。

1. 銅イオンによる治療

銅イオンを生じる薬は海水魚では最も多く使用されるタイプです。作用メカニズムは銅イオンによる原生動物の繊毛や鞭毛などの運動器官の停止です。水槽内に硫酸銅あるいは有機銅を、銅イオン濃度として0.12～0.15mg／ℓ（0.12～0.15ppm）とな

■ウーディニウム病のまとめ

○サメなどの軟骨魚類を含め、ほぼすべての海水魚に寄生する
○全身に黄色い粉をまぶしたような症状が有名だが、実際はエラに感染して皮膚症状が現れないまま死に至るケースが大半
○寄生期と増殖期の1サイクルで2～3週間。1サイクル後には最大で256倍（クレピトウーディニウムの場合は2048倍）に増える
○ 17℃以下の低水温では感染しないが、水温を上げると再び活動を始める。
○低酸素濃度下で発症しやすい
○トロホントの完全駆除は難しいので、できれば2週間以上の長期薬浴が望ましい
○薬浴中にはがれたトロホントは休眠しているだけなので、水槽に魚を戻す際は魚体だけを移す
○多くの場合、皮膚症状は現れない。そのため新しく魚を購入した際は、万が一に備え薬浴してから水槽に入れるとよい
○発症してしまうと致死性が非常に高いので、日頃からの予防が肝要

るように加えます。アミルウーディニウムは最適温度（23～27℃）のとき、約1週間で生活環を一巡するので、この水温で10～14日間銅イオン濃度を保つことで駆除します。重症魚では手遅れになることがありますが、症状が軽ければ治療可能です。

市販されている銅イオン系の治療薬としては「銅イオン」（デルフィス）、「カッパーセル」（日本動物薬品）や「アクアコンディショナー銅イオン」（ニッソー）、「キュプラミン」（シーケム）など、有機銅を使った薬が挙げられます。予防のために、常時入れておいてもよいでしょう。ただし無脊椎動物は銅に弱いので、これらの治療薬に晒されないようにします。また魚の場合でも、0.8mg／ℓ（0.8ppm）を超えると毒性を発揮するので、調製時は濃度に注意してください。銅イオン濃度はpHの影響を受けて増減するだけではなく、石灰質のものに吸着されるので、一定に保つことが難しい面があります。薬浴中は、市販の銅イオンテスターでモニターしていくことが推奨されます。

2. 淡水浴による治療

淡水浴は手軽かつ最も安全な方法です。ツバメコノシロ科のナンヨウアゴナシ *Polydactylus sexfilis* では、5分間の淡水浴の後、新しい水槽へ移動するという処置を1日3回、3日間行なうことでほとんどのトロホントを駆除できたという報告があります。しかし、トロホントを完全に駆除することはできないので、重症時の虫体駆除として用いるべきでしょう。いずれにせよ、処置後の長期薬浴は必要です。

このほか、ホルマリンや過酸化水素（オキシドールなど）を使った治療法もありますが、ここでは割愛します。

ハダムシ症

●ハダムシ症とは？

ハダムシ症は、カプサラ科の単生類によって引き起こされます。この寄生虫が属している扁形動物門には、寄生生活をするものが多く知られています。カプサラ科の単生類は小判のような形をしており、大きさは数mm程度です。この寄生虫は体表面に付着しているのですが、透明なので気づきにくいものです。しかし、寄生している個体数が多くなると、体表面や眼球の白濁、底砂への体のこすりつけが起こります。このこすりつけにより皮膚に傷がつき、細菌感染のリスクが高くなります。

季節に関係なく、1年中発生する可能性のある病気です。過酸化水素や「プラジカンテル」という物質、あるいは淡水浴により駆除することができます。多くの海水魚に寄生することや卵が水槽内に残ることから、駆除作業は2回以上必要と考えられます。

●ハダムシ症の症状と問題

少数の寄生では症状が現れないため気がつきにくいのですが、寄生数が多いと粘液分泌の増加や皮膚の肥厚（厚くなる）、潰瘍、体表面の白濁が生じます。また魚のサイズが小さいときは、数匹の寄生で眼球が白濁します。眼球白濁は魚の角膜や水晶体などが白濁するためではなく、表面に張り付いている寄生虫が光の加減で白くなるために起こります。したがって、淡水浴で寄生虫を落としてしまうと、この白濁はなくなります。

虫体は皮膚に強く吸着しており、魚にかゆみや炎症を生じさせます。そのため魚は、底砂や岩に体をこすりつけるようになります。このときに生じる体表面の傷は、ビブリオ菌などの病原細菌の入り口となります。このように、こすりつける行動が細菌感染症を発生させる原因になるので、駆虫が必要になります。

●治療と予防

カプサラ科の生物は、寄生する相手が決まっているわけではありません。特に、熱帯性の海水魚で多く見られる *Neobenedenia melleni* は、前述のとおり様々な魚種に寄生することが明らかにされています。そのため、水槽内で1匹でも寄生が確認されたら他の個体にも寄生している可能性があるので、一斉駆虫を行ないます。

カプサラ科の駆除には、淡水浴や過酸化水素水浴、プラジカンテルの経口投与が挙げられます。その中

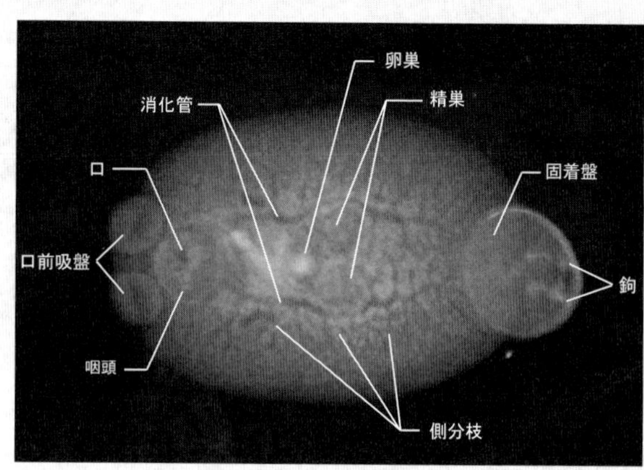

カプサラ科の単生類。カプサラ科にはベネデニア属、ネオベネデニア属、メガロベネデニア属の３つがあります。メガロベネデニアの吸盤は車のタイヤホイールのようになります（隔壁があります）が、写真の寄生虫は平面です。したがって、ベネデニア属もしくはネオベネデニア属と思われます

スミレナガハナダイの淡水浴治療

筆者の淡水浴セット。右は海水（魚が入っている）、左は淡水（観賞魚用浄水器を通した水）です。淡水浴するのは、右の眼球、背ビレ、尾ビレに寄生虫が付着したスミレナガハナダイ

スミレナガハナダイをプラケースですくい取って、淡水側へ移動させます。淡水浴を行なう際には、前もって水温だけは合わせておきますが、水質合わせはせず、魚をいきなり淡水側へ入れます

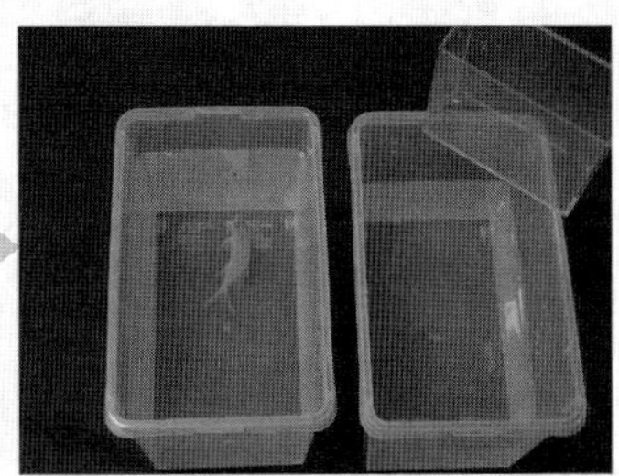
プラケースごと左の淡水側へ入れて、魚を放流します。プラケースは、魚の体表面を傷つけるリスクが低いのがメリットです。ここでは1分半程度、淡水浴をしました。結果は次ページにて

でも淡水浴は、最も確実な方法とされます。これは「濃度の薄いほうから濃いほうへ水が移動する」という性質を利用したものです。

海水魚の場合、体液よりも海水のほうが濃いので、水は外に出て行ってしまいます。そこで海水魚は、失った水分を補うために海水を飲み込む一方で、エラから塩分を体外に排出することで体液を薄めています。他の生物でも、なんらかの方法で体液の濃度調整を行なっています。しかし、海水中の生物が淡水に入ると今度は逆に、水が体内に浸透してくるため、「水ぶくれ」状態になってしまいます。単生類などの寄生虫は表面が薄いため急速に水が浸透し、体液の濃度が薄まることで生理機能が破綻して死に至ります。海水魚の場合は皮膚が厚いこともあり、単生類などよりも耐性があります。つまり淡水浴による駆除は、淡水に耐えられる時間差を利用しているわけですが、病魚を淡水に３～５分間浸けるだけで、ほぼすべての寄生虫を駆除することができます。

虫体は生きているときは透明ですが、淡水浴によって死亡すると、白化してよく見えるようになります。白くなってはがれた個体が再感染することはありません。しかし、体内の卵は生きていることがあるので、剥がれ落ちたものは回収して捨ててください。また、淡水浴前に生み出された卵がメインタンクに残っていると、ふ化した幼生が淡水浴後の魚に感染する可能性があります。卵のふ化は５日ほどで起こるので、最初の淡水浴から７～10日後に再度淡水浴を行なうと、駆虫効果を高めることができます。

『魚介類の感染症・寄生虫病』（恒星社厚生閣）によると、水温が21.3℃から23.9℃へと2.6℃上昇すると、ふ化までの日数が1.3日早まることがわかっています。単純に計算すると、2℃の上昇で１日早まると言えます。これで計算すると、26℃におけるふ化までの日数は、4.2日になります。*Benedenia seriolae*の場合、水温が22～26℃のときは、寄生してから20日もすると十分な成熟サイズになります。産卵可能になるサイズに達する正確な日数はわかりません

淡水浴前後のスミレナガハナダイ

前ページで淡水浴を行なったスミレナガハナダイ。一見、異常は見られませんが、右の眼球（下写真）、背ビレ、尾ビレに寄生虫が付いています

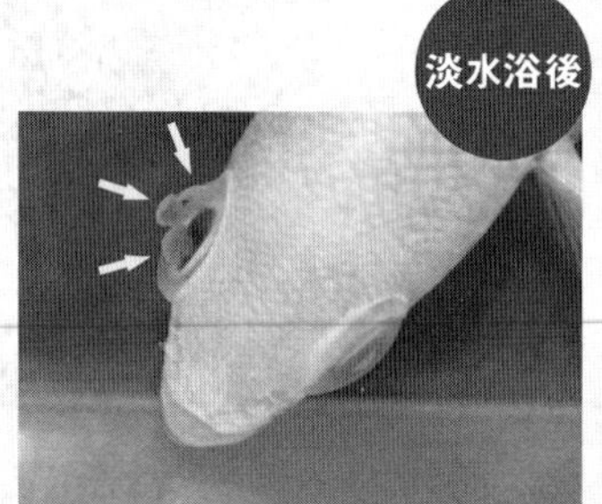

右の眼球から、寄生虫がはがれ始めました。それまでは目が白濁しているように見えていたのですが、虫が落ちると正常な状態になりました

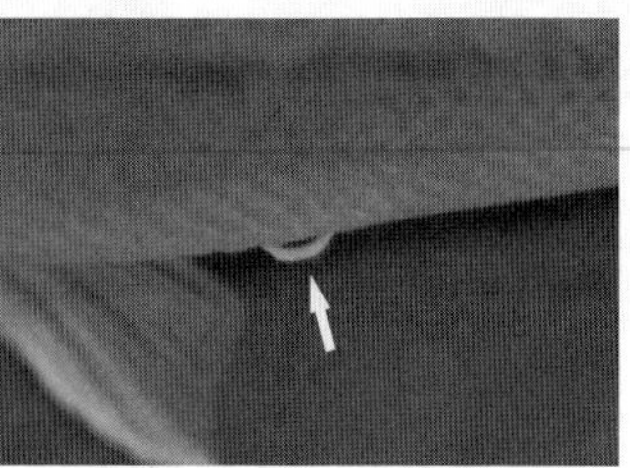

体の側面から落ち始めた寄生虫。寄生虫は他にヒレにも寄生していたのですが、淡水浴によってはがれ落ちました

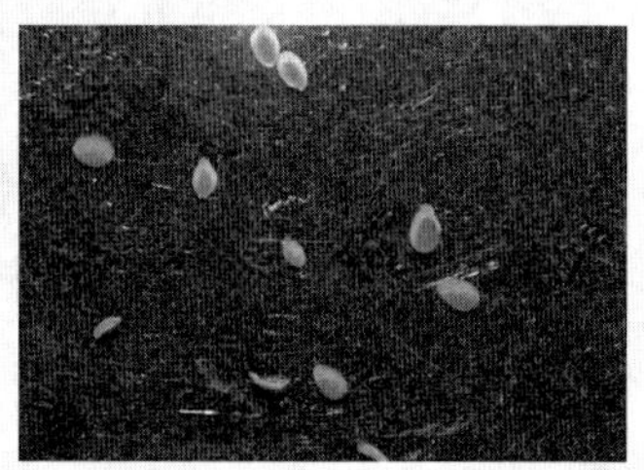

淡水浴によって、水底に落ちた寄生虫。ごま粒のような形をしており、白化しています。眼球の表面に付いているときは動いていましたが、落ちたものは動きませんでした

が、最初の淡水浴から 7 ～ 10 日目は、「卵がすべてふ化し、しかも成熟サイズに達していない仔虫ばかり」という再淡水浴に適した期間と思われます。

新しく魚を導入するときは、感染拡大を未然に防ぐために、淡水浴を施してからメインタンクに移したほうがよいでしょう。具体的には次のステップが考えられます。

①メインタンクの海水を入れた水槽を２つ(水合わせ用、駆除確認用)、メインタンクと同じ水温にした淡水水槽（駆虫用）をひとつ用意する
②片方の海水水槽で、購入した魚の水合わせを行なう（この水槽は寄生虫で汚染されたと考える）
③淡水水槽にて駆虫を行なう
④もう一方の海水水槽に回収し、寄生虫の死体が魚体から落ちてこないことを確認する
⑤メインタンクに移動する

このように、導入時の淡水浴は、温度ショックに気をつけて作業する必要があります。

たくさんの魚がいる場合には、淡水浴の手間は大変なものとなります。養殖魚では過酸化水素水浴が行なわれます。0.03 ～ 0.06%（過酸化水素の最終濃度）で、数分から 20 分の薬浴で効果があるとされます。過酸化水素を成分とした水産医薬品としては、「マリンサワー SP30」が挙げられます。また「プラジカンテル」（イヌやネコの条虫駆除に用いられる薬の成分）の経口投与(餌に混ぜて与える)も効果があります。プラジカンテルを成分とした水産用医薬品としては、「水産用ベネサール」や「ハダクリーン」が挙げられます。これらの薬は、淡水浴に弱い熱帯魚では有用なものと思われます。ただしこれらの薬は、無脊椎動物に毒性を示す可能性があるので注意が必要です。

グループ別
個性あふれる海水魚図鑑

ポピュラー種からレア種まで、魅力的な魚たちをご紹介します。口が大きな肉食魚を除けば、他の魚との混泳を楽しめる魚種も多いです。お互いのサイズや食性、性格などに注意しながら水槽へ迎え入れてみましょう

中〜大型ヤッコの仲間

ロクセンヤッコ

Pomacanthus sexstriatus

分布：西部太平洋、グレートバリアリーフ　全長：45cm

大型ヤッコの中でも最大になる種ですが、飼育スペースが狭ければさほど大きくならず、水槽内ではせいぜい30cm程度と思われます。上手に育てあげた成魚は、他の大型ヤッコにも見劣りしない美しい発色が期待できます

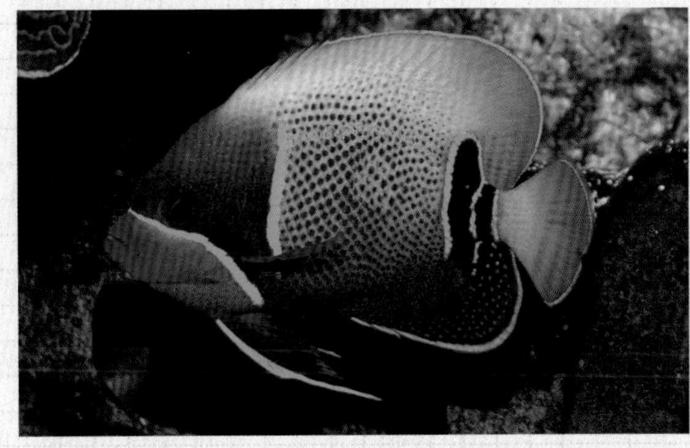

イナズマヤッコ

Pomacanthus navarchus

分布：西部太平洋、グレートバリアリーフ　全長：24cm

サンゴ礁のやや深いエリアに生息しています。比較的温和ですが過度な混泳は避け、照明は控えめにすると綺麗に育てることができます。飼育しやすい養殖個体も流通しています

イヤースポットエンゼルフィッシュ

Pomacanthus chrysurus

分布：東アフリカ沿岸　全長：30cm

「クリスルス」の愛称で親しまれています。成熟するにつれ、体色には深みが増し、重量感が出てきます。ケニア便で入荷しますが、現地ではイエローバンドエンゼルフィッシュやタテジマキンチャクダイとのハイブリッドも出現しています

ブルーエンゼルフィッシュ

Holacanthus bermudensis

分布：カリブ海、西部大西洋　全長：40cm

クイーンエンゼル（43ページに掲載）の近縁種で、鮮やかなパステルブルーが魅力です。クイーンエンゼルほど広範囲には分布しないので貴重な存在です。スペースに余裕を持った水槽で飼育すると、ヒレがよく伸長します

キンチャクダイ

Chaetodontoplus septentrionalis

分布：西部太平洋　全長：20cm

本州沿岸にも多く分布しており、台湾周辺海域では近似種との交雑個体が頻繁に出現しています。ブルーラインの模様は個体差を楽しめます。近海産の個体は高水温には弱いので注意しましょう

コンスピキュアスエンゼルフィッシュ

Chaetodontoplus conspicillatus

分布：ロードハウ島、ニューカレドニア
全長：25cm

ユニークな顔を持つ高級種で、主に養殖された個体が流通しています。本種を含め、キートドントプルス属は全般的に神経質で、飼育スタート時の餌食いが悪い個体が多いです。落ち着けるよう、過度な混泳は避けて飼育しましょう

チリメンヤッコ

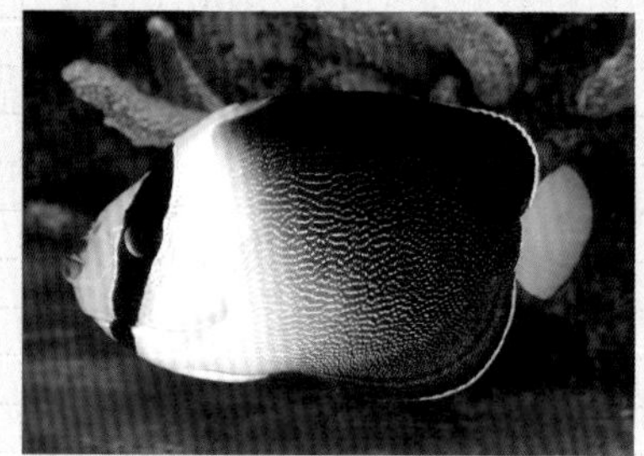

Chaetodontoplus mesoleucus

分布：西部太平洋
全長：14cm

サンゴ礁の浅場に生息しており、エダハマザンゴやミドリイシ類の枝間を棲家にしています。ポピュラー種ですが、コンディションが良くないと餌付けにくいため、飼育者の力量が問われる種でもあります。サンゴ水槽では、美しさをより堪能できます

スクリブルドエンゼルフィッシュ

Chaetodontoplus duboulayi

分布：オーストラリア周辺
全長：28cm

オーストラリアを代表する海水魚で、内湾の濁ったポイントに多く見られます。雌雄の体色差が顕著なため、ペアを購入しやすいです。オスはメスよりも大きく、体型が角ばっているのに対し、メスは丸型です。養殖個体も流通しています

マスクドエンゼルフィッシュ

Genicanthus personatus

分布：ハワイ、ミッドウェイ環礁
全長：24cm

ハワイの水深100m以深に生息していますが、ミッドウェイでは20～30mの比較的浅い岩礁域で観察できます。ハワイでブリードされた個体がわずかに流通するのみで、とても高価です。低めの水温（20～22℃）を維持しつつ、照明を控えた水槽で飼育しましょう

小型ヤッコの仲間

ナメラヤッコ

Centropyge vrolikii

分布：西部太平洋　全長：8cm

シックな色合いのポピュラー種です。インドネシアでは近縁種のエイブリーエンゼルとよく交配するほか、マーシャルではレモピールとの交配も知られています。同属では色々なハイブリッドが報告されています

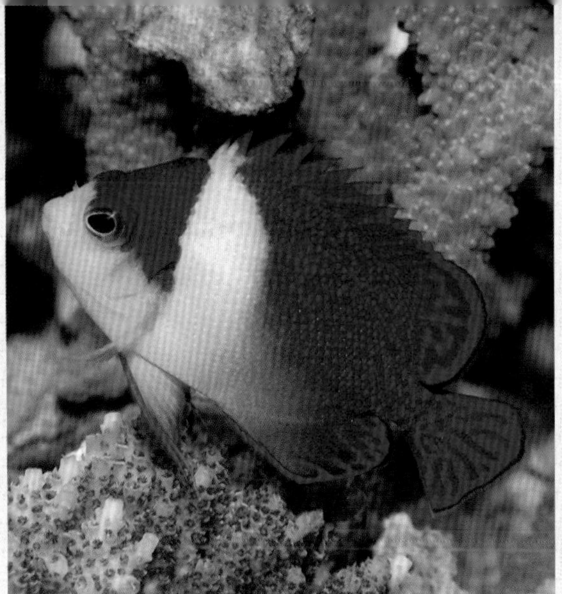

スミレヤッコ

Paracentropyge venusta

分布：東シナ海、フィリピン　全長：10cm

黄色とラベンダーブルーのコンビネーションが美しい人気種。若干餌付けが難しいところも、飼育の醍醐味と捉えましょう。体高があり、オスは尾ビレや背ビレ後方の青い模様が顕著になります

フィジーエンゼルフィッシュ

Centropyge woodheadi

分布：フィジー　全長：10cm

背ビレ後方を中心に黒斑が入るのが特徴で、黄色と黒のシンプルな配色が美しいです。この黒斑の大きさや幅広さには個体差があります。性質はややデリケートなので、静かな環境下での餌付け作業が必要です

ペパーミントエンゼルフィッシュ

Centropyge boylei

分布：クック諸島、フィジー　全長：6cm

水深100m以深の深い岩礁域に生息しており、その可憐な美しさは追随を許しません。現在は*Centropyge*属ですが、*Paracentropyge*属への編入も精査すべき魚です。水温は22℃で管理し、本種を主役として無謀な混泳は避けましょう

チョウチョウウオの仲間

アミメチョウチョウウオ

Chaetodon xanthurus

分布：西部太平洋　全長：14cm

爽やかなオレンジ色が印象的なポピュラー種で、体側の編み目模様もとても美しいです。沖縄やフィリピン便でコンスタントに入荷しており、飼育が比較的容易なことも魅力です

レッドバックバタフライフィッシュ

Chaetodon paucifasciatus

分布：紅海、アデン湾　全長：12cm

紅海便の定番種です。アミメチョウなどに似ていますが、本種の体側後方部の色は真っ赤なので見分けやすいです。赤い色みはチョウチョウウオの中では珍しく、水槽内でもよく目立ちます

コラーレバタフライフィッシュ

Chaetodon collare

分布：スリランカ　全長：15cm

洒落た色合いのチョウチョウウオで、自然下では群れで泳ぎます。水槽内でも複数匹で泳がせると、美しさがより際立ちます。性格もタフで飼育しやすいです

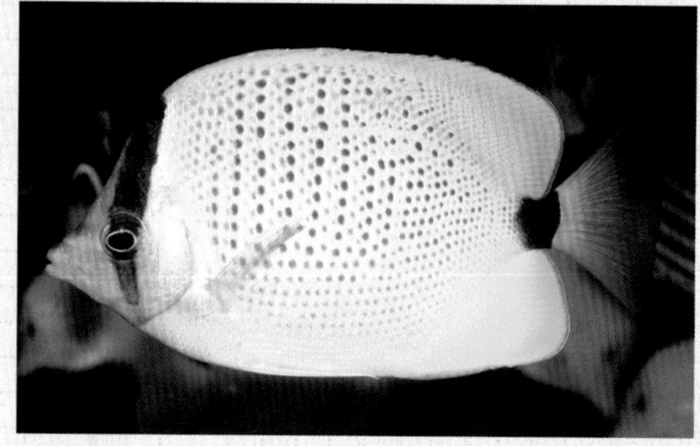

ミレッドシードバタフライフィッシュ

Chaetodon miliaris

分布：ハワイ　全長：15cm

ハワイでは浅場に大きな群れをつくります。入荷直後は写真のように明るい黄色い体色ですが、次第に体色は褪めていきます。丈夫で飼育自体は容易です

ユウゼン

Chaetodon daedalma

分布：伊豆諸島、小笠原諸島
全長：14cm

「アイアンバタフライフィッシュ」とも呼ばれます。国内はもとより海外でも人気が高いです。流通量は少なく高価ですが、比較的丈夫で飼育はしやすいです。ただし、吻先の擦れ傷は致命傷になる場合があるので注意しましょう

オウギチョウチョウウオ

Chaetodon meyeri

分布：スリランカ〜西部太平洋
全長：20cm

ポリプ食性のチョウチョウウオの中でも大型になる種です。主にスリランカから入荷します。飼育難易度は高いですが、状態が良ければアサリに餌付くこともあります

ミカドチョウチョウウオ

Chaetodon baronessa

分布：西部太平洋
全長：12cm

フィリピンや沖縄便でコンスタントに入荷しますが、飼育難易度が高いポリプ食性のチョウチョウウオです。口が小さく繊細で、こまめな給餌を必要とします

オレンジフェイスバタフライフィッシュ

Chaetodon larvatus

分布：紅海、アデン湾
全長：14cm

ポリプ食性ですが、輸入時のコンディションさえ良好であれば、餌付く可能性はあります。優雅な泳ぎを長期間堪能することも夢ではない、魅力的なチョウチョウウオです

ホワイトフェイスバタフライフィッシュ

Chaetodon mesoleucos

分布：紅海
全長：14cm

紅海の固有種です。派手さはないものの、なんとも味がある体色模様が特徴的。やや神経質な性格なので、混泳相手を上手く選びながら餌が十分行き渡る環境で飼育しましょう

クマノミの仲間

オレンジフィン アネモネフィッシュ

Amphiprion chrysopterus

分布：ミクロネシア、パプアニューギニア、バヌアツ　全長：16cm

クマノミ類の中では大型で、体色は産地によって異なります。別名「ブルーストライプアネモネフィッシュ」と呼ばれるように、白帯が青光りするのでゴージャスな印象です。大型種なので広い水槽で飼育しましょう

モルディブアネモネフィッシュ

Amphiprion nigripes

分布：モルディブ　全長：7cm

成長につれ黄色からオレンジ色に変わる、おしゃれな色合いが魅力です。見た目だけでなく、習性や好みのイソギンチャクもハナビラクマノミに似ています。輸入直後は調子を崩すことが多いので、状態の良い個体を入手できるかが鍵です

スカンクアネモネフィッシュ

Amphiprion akallopisos

分布：インド洋～西部太平洋　全長：6cm

ハナビラクマノミに似た体色ですが、本種にはエラ蓋のラインがないので区別できます。また、両種のハイブリッドも存在しています。飼育環境に慣れて状態が落ち着くと腹部が黄色くなります

アラルズアネモネフィッシュ

Amphiprion allardi

分布：東アフリカ沿岸　　全長：15cm

主にケニア便で入荷します。白帯は２本で、加えて尾柄部から尾ビレも白いのが特徴です。体色は茶褐色で、幼魚期は黄色っぽいためクラーキー種（クマノミ）と区別するのが難しいです

スリーバンドアネモネフィッシュ

Amphiprion tricinctus

分布：マーシャル諸島　　全長：12cm

体側および尾柄部に細い白帯が３本入ります。体色は明るい褐色ですが、成熟したメスは黒みを帯びることが多いです。マーシャル便でのみ入荷する、貴重な種です

マダガスカルアネモネフィッシュ

Amphiprion latifasciatus

分布：マダガスカル　　全長：14cm

尾柄部に特徴的な白斑があります。尾ビレも長いのでスタイリッシュに見えます。マダガスカルでは本種の他に体側の帯が幅広いタイプのクマノミも目撃されており、さらなる精査が必要です

モーリシアンアネモネフィッシュ

Amphiprion chrysogaster

分布：モーリシャス島　　全長：12cm

くっきりした3本の白帯を備え、頭部から腹部にかけての丸みを帯びたシルエットなどが可愛らしいです。褐色の部分と黄色い部分の塗り分けが、はっきりしているのも特徴です。入荷が少なく、珍しいクマノミです

スズメダイの仲間

ロイヤルデムワーゼル

Chrysiptera hemicyanea

分布：インドネシア　全長：4cm

腹部全体が黄色に染まります。くっきりとした青と黄の装いは、単独でサンゴの隙間にいるだけで十分に存在感があります

ルリスズメダイ

Chrysiptera cyanea

分布：西部太平洋　全長：7cm

「コバルトスズメ」とも呼ばれます。瑠璃色の美しい体色は、成長しても色褪せません。小さいうちは群れるため、水槽内の景観作りにも活躍します。大きくなるとなわばり意識が強くなり、攻撃的になります

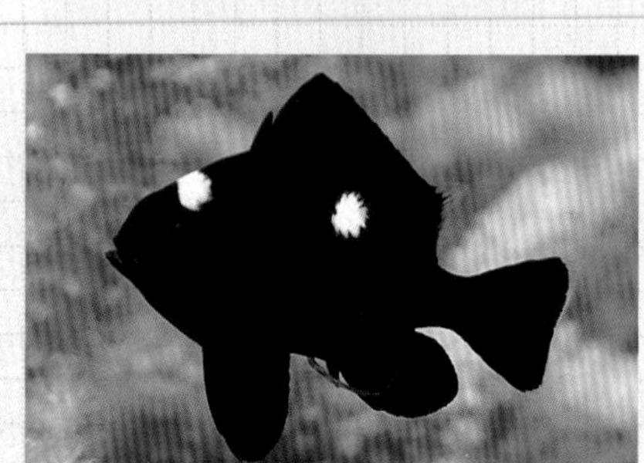

ミツボシクロスズメダイ

Dascyllus trimaculatus

分布：インド洋〜太平洋
全長：12cm

世界のサンゴ礁域を中心に、広く生息しています。漆黒の体色にホワイトスポットがよく目立っています。主にイソギンチャクの周辺で群れを作る習性があります

ハナダイの仲間

キシマハナダイ

Tosanoides flavofasciatus

分布：南日本、沖縄、パラオ　全長：12cm

本州沿岸では水深60m以深、沖縄では200m近い深海に生息する深場種です。写真はオスで、豪華な体色が特徴です。飼育時は、冬は18℃、夏場は22℃程度の水温を維持できれば問題ありません。水槽をできるだけ暗くすると、美しいピンク色を維持できます

スミレナガハナダイ

Pseudanthias pleurotaenia

分布：西部太平洋　全長：15cm

ハナダイ類の中では大型で、インドネシアやフィリピン便で入荷します。メスは全身が山吹色ですが、オスになると写真のようにピンク色になり、体側中央に四角い斑紋が現れます。水槽はできるだけ暗いほうが体色の発色が良いです

サクラダイ

Sacura margaritacea

分布：南日本、台湾
全長：18cm

近海を代表するハナダイの仲間で、深場に生息するため低水温（18〜22℃）が適します。照明焼けにも注意が必要で、他のサンゴ礁の魚とは混泳させないほうが無難です。特にオスは気性が荒くなるので、広い水槽が必要です

ハタ&バスレットの仲間

キャンディーバスレット

Liopropoma carmabi

分布：カリブ海南部　全長：8cm

カラフルな体色で人気です。高価ですが、飼育しやすく、サンゴ水槽での体色維持もしやすいです。しかし、暗い環境のほうが赤みは強くなる傾向があります。ペアは仲が良く、寄り添って泳ぐ姿は見ていて微笑ましいです

ブラックキャップバスレット

Gramma melacara

分布：カリブ海　全長：10cm

水深30m以深に生息します。輸入サイズは5cm程度ですが、大事に育てると10cmを超えることもあります。環境に慣れるまでは隠れがちですが、餌付きはよく、飼育自体は容易です

ルリハタ

Aulacocephalus temmincki

分布：南日本、東シナ海
全長：25cm

体色の美しさで人気がある近海魚で、やや深い水深40m以深の岩礁に生息します。体表に刺激を与えると粘液毒を分泌し、他の魚も巻き添えにして死に至らしめることもあります。体は極端に側扁しており、口が大きいです

メギス&タナバタウオの仲間

リングアイドティーバック

Pseudoplesiops typus

分布：西部太平洋　全長：4cm

サンゴ礁のガレ場の瓦礫の下に潜んでいます。夜行性で昼間は行動しないため、滅多に姿を現さない珍種です。体色は赤の他に、薄い黄色のバリエーションもあります。メギスとタナバタウオの中間的な魚です

オーキッドドティーバック

Pseudochromis fridmani

分布：紅海　全長：5cm

色鮮やかな紫色が特徴的で、最近は養殖個体も流通しています。他のドティーバックよりも小型でおとなしいため、サンゴ水槽にも導入しやすいです。細身で尾ビレをヒラヒラと揺らしながら泳ぐ様子は独特です

シモフリタナバタウオ

Calloplesiops altivelis

分布：インド洋〜西部太平洋
全長：12cm

全身の美しいスポット模様はハナビラウツボに擬態しているとも言われています。自然下では岩穴などに潜む習性があり、尾ビレをスッと出した様子は確かにウツボに見えるかも？　ゆったりと優雅に泳ぐ様も魅力です

クジャクベラ&イトヒキベラの仲間

クジャクベラ

Paracheilinus carpenteri

分布：西部太平洋　　全長：5cm

背ビレをはじめ、各ヒレを全開にした様子からこの和名があります。オスはなわばりを主張して、よくフィンスプレッディング（ヒレを大きく広げる）行動をします。水槽内でも勢いよく泳ぎ回るので、最低でも60cm水槽以上のスペースで飼育しましょう

ラインドフェアリーラス

Cirrhilabrus lineatus

分布：オーストラリア　　全長：12cm

興奮時には派手なメタリック感を発します。オーストラリア便の定番種ですが、その魅力を十分に発揮するには、90cm水槽以上の広い水槽が必要です。オスは体力を使うので、冷凍飼料なども多く与えて太らせると良いです

ベラ&ブダイの仲間

サウスシーズラス

Anampses femininus

分布：南太平洋　　全長：14cm

主にニューカレドニアから入荷します。メス（写真）のほうが派手で、オスは青緑です。餌付きにくい面があるので、冷凍飼料などを早めに使うと良いでしょう。底砂に潜る習性があるため、水槽には細かいサンゴ砂を敷き詰めます。夜間は砂中で休息します

オオモンハゲブダイ

Scarus bowersi

分布：西部太平洋　　全長：30cm

ブダイの仲間は歯が鋭いため、アクリル水槽を傷つけることがあります。サンゴを骨格ごとかじることがあるので、サンゴ水槽には入れられません。大型個体の体色は見事なので、大型魚混泳水槽のメンバーに選ばれることもあります

ハギ&アイゴの仲間

ヒレナガハギ

Zebrasoma veliferum

分布：西部太平洋　　全長：16cm

フィリピンや沖縄便で入荷するポピュラー種です。ゼブラソマ属のハギ類は、突き出た吻先と丸い体型が特徴ですが、本種は幼魚期の背ビレとしりビレが一際大きいことからこの和名があります

ヒフキアイゴ

Siganus unimaculatus

分布：西部太平洋　　全長：18cm

アイゴの仲間は、その顔付きから「ラビットフィッシュ」や「フォックスフェイス」と呼ばれることもあります。本種はハギのように草食性です。背ビレの棘条には毒があります。吻先が傷付いた個体は餌を食べないので、購入時には要チェックです

ハゼ&ギンポの仲間

アケボノハゼ

ハタタテハゼよりも派手な色使いで、よく目立ちます。水深30m以深のやや深いガレ場などを住処としています。明るい水槽で飼育していると紫色が薄れてくるので、照明が控えめの環境で飼育すると良いでしょう

Nemateleotris decora

分布：西部太平洋　全長：6cm

クロユリハゼ

比較的よく入荷するポピュラー種です。大きくなるにつれ、体後方の黒みが増して美しくなります。遊泳性が強く、常に中層を泳ぎ回っています。水槽から飛び出しやすいので蓋は必須です

Ptereleotris evides

分布：インド洋～太平洋　全長：10cm

ギンガハゼ

本種には黄化個体（写真）と灰褐色のタイプがおり、黄色いタイプは「コガネハゼ」と呼ばれることもあります。ハゼの入門種で、テッポウエビと共生します。相手のテッポウエビは、ハゼの大きさに合わせれば良いでしょう

Cryptocentrus cinctus

分布：中～西部太平洋　全長：8cm

ニチリンダテハゼ

大きな背ビレと明るい体色が人気の共生ハゼです。周囲にアピールするように背ビレを立てる様子もユニークです。丈夫で飼育しやすいのも魅力です

Amblyeleotris randalli

分布：西部太平洋　全長：12cm

ヤエヤマギンポ

サンゴ礁の浅場で見られるポピュラー種で、丈夫で愛嬌があります。本種を含め、カエルウオの仲間は岩の表面に付着するコケ類を食べるので水槽に導入されることが多いですが、期待するほどではないので過信は禁物です

Salarias fasciatus

分布：インド洋～西部太平洋　全長：12cm

モンツキカエルウオ

サンゴ礁の浅場で見られる種で、頭部に赤いスポットが入ります。普段は岩穴から顔だけ出しているので、頭の模様がよく目立ちます。生息海域によってバリエーションがあり、写真は体の模様がライン状になるスリランカ・タイプ

Blenniella chrysospilos

分布：インド洋～中部太平洋　全長：12cm

カワハギ&フグの仲間

モンガラカワハギ

サンゴ礁海域を中心に暖かい海に出現し、幼魚はやや深い岩礁域で採集されます。気が強いので、混泳させる相手は大きな魚のほうが無難です。飼い主によく慣れるので、幼魚から育てるとより楽しめます

Balistoides conspicillum

分布：インド洋〜太平洋　全長：25cm

テングカワハギ

美しい体色模様を備えた小型種で、普段はミドリイシ類の枝間を棲家にしています。サンゴのポリプを常食していますが、飼育下では人工飼料に餌付かせることも可能です。あえてサンゴ水槽に泳がせると、一段と観賞価値が高まります

Oxymonacanthus longirostris

分布：インド洋〜太平洋　全長：10cm

ワモンフグ

フグらしい体型や性格で、飼育しやすいです。体表はヌルヌルしているようにも見えますが、実は小さな突起があり、ザラザラしています。全長5cm前後の幼魚がよく入荷しています。かなりの大食漢です

Arothron reticularis

分布：インド洋〜西部太平洋　全長：16cm

ストライプバーフィッシュ

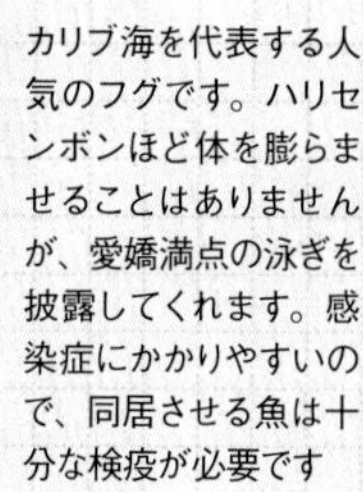

カリブ海を代表する人気のフグです。ハリセンボンほど体を膨らませることはありませんが、愛嬌満点の泳ぎを披露してくれます。感染症にかかりやすいので、同居させる魚は十分な検疫が必要です

Chilomycterus schoepfii

分布：カリブ海　全長：14cm

モンキキンチャクフグ

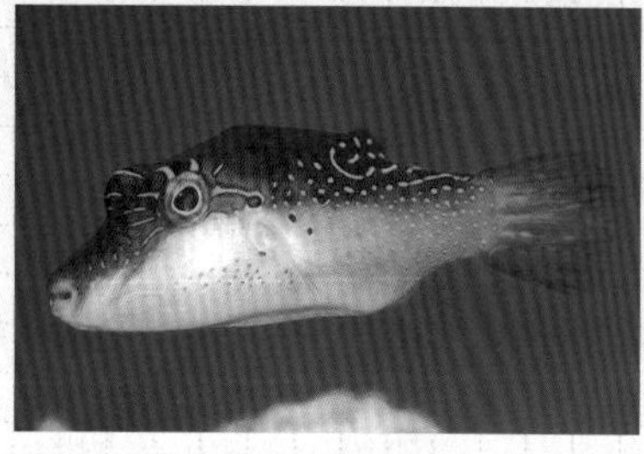

本種を含めキンチャクフグの仲間は体色が魅力的な種が多く、小型で性格も温和なので飼育しやすいです。本種には飽きのこない美しさがあり、他種との混泳も可能です。キンギャクフグの中では比較的珍しい存在です

Canthigaster epilampra

分布：中〜西部太平洋　全長：5cm

ホワイトバードボックスフィッシュ

赤地に白い帯が入るオーストラリアの特産種です。写真はオスで、メスはベージュ色の体色に黒い線が入ります。本種が生息する海域は温帯域で年間平均水温も低いため、飼育時の水温は16〜18℃が理想です

Anoplocapros lenticularis

分布：オーストラリア南部　全長：18cm

その他のグループ

ニシキテグリ

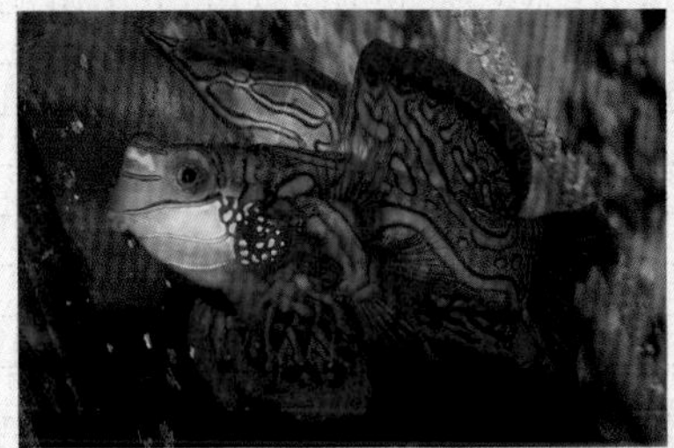

Pterosynchiropus splendidus

分布：西部太平洋　全長：5cm

サンゴ礁に生息します。飼育下では餌をバクバク食べるわけではないので、活発な魚がいない落ち着ける環境を用意しましょう。冷凍飼料から始めて人工飼料へ餌付けることも可能ですが、まずは痩せていない個体を購入することが先決です

ブルースポットジョーフィッシュ

Opistognathus rosenblatti

分布：カリフォルニア湾　全長：12cm

古くからの定番種で、採集量がコントロールされているため高値安定しています。成熟すると、地色が黄色みを帯びてきます。適正水温は低め（18～22℃）なので、水温管理には注意しましょう。水槽から飛び出さないよう、蓋も必須です

カリビアンシーホース

Hippocampus reidi

分布：カリブ海　全長：14cm

タツノオトシゴの仲間はサイテス（ワシントン条約）Ⅱ類に掲載される規制対象種ですが、国内養殖された個体（写真）が安定して流通しています。養殖個体は冷凍イサザアミに餌付きやすいため、飼育も比較的容易です。飼育下での繁殖も可能です

ハナミノカサゴ

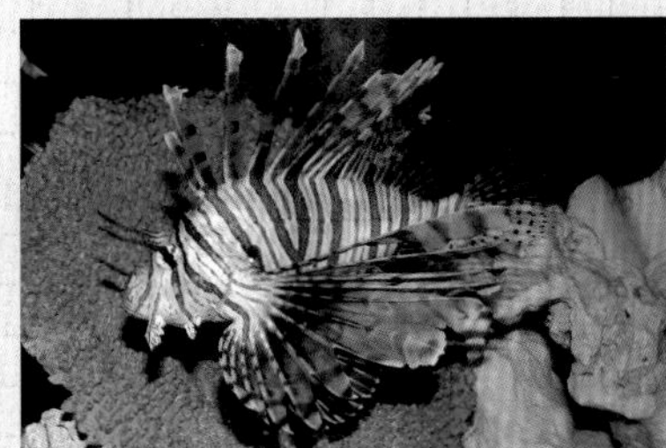

Pterois volitans

分布：インド洋～太平洋　全長：20cm

胸ビレを広げてゆったりと泳ぐ姿は優雅で美しいです。肉食性が強く、水槽内の小魚を捕食するので、混泳には向いていません。背ビレ、しりビレには毒があるので素手では触らないように

トラウツボ

Muraena pardalis

分布：西部太平洋　全長：100cm

海外では「ドラゴンモレイ」という名で人気があります。本州沿岸では普通種で、日本産の個体は頭部がオレンジ色になるため特に人気があるそうです。生命力が強いので狭い水槽でもしばらくは飼育が可能ですが、終生飼育には大型水槽が必要です

イヌザメ

Chiloscyllium punctatum

分布：インド洋～太平洋　全長：100cm

主にサンゴ礁域に生息します。卵塊のままで輸入されることが多く、幼魚（写真）は白と黒の縞模様ですが、成長と共に模様は薄れ、最終的には灰褐色になります。底生棲で、性格は温和です。成長後に持て余さないよう、計画的に飼育しましょう

色も形も様々
美しき サンゴ 図鑑

サンゴ類は水質や光などにデリケートなため、同じ水槽で複数種のサンゴを育成する場合は、適する条件が似た種類を揃えると良いでしょう。同じ海域に生息するサンゴと魚を組み合わせて、自然界を再現するのも楽しいものです

ハードコーラルの仲間

トゲサンゴ *Seriatopora hystrix*

感染症になりにくい丈夫な種。蛍光グリーンのタイプもいますが、ピンク色の群体（写真）は高栄養塩環境では褐色化しやすく、青色波長だけの照明では維持が難しいです。枝の密集度が高い群体には、十分に水流があたるように配置するのがポイントです

コンフサコモンサンゴ *Montipora confusa*

独特な明るい蛍光グリーンのサンゴで、群体は葉状・被覆状に展開し、不規則に柱が伸びます。骨格の表面には茶褐色のポリプがフサフサと出ます。丈夫な種で、栄養塩にそれほど神経質にならずとも飼育は可能です

スギノキミドリイシ *Acropora muricata*

太い枝状に伸びるミドリイシで、分岐した枝も同様に太く長く伸びます。ブルー系、蛍光グリーン系のカラーバリエーションがあります。枝は粘膜で覆われており、刺激を与えるとそれらを分泌してしまうので、ストレスを与えないようにするのがポイントです

“ストロベリーショートケーキ” *Acropora sp.*

オーストラリア産サンゴの代表種である「ストロベリーショートケーキ」の異名を持つ、ミドリイシ属の１種。*A. microclados* とする説もあります。色を維持するには水質を低栄養塩環境にすることが大切で、色揚げには照明と水質のバランスが重要です

アクロポラ・スハルソノイ

Acropora suharsonoi

深場のミドリイシの代表種のひとつです。骨格は滑らかな骨のようで、コリンボース型でテーブル状に大きく成長することもあります。飼育環境によっては薄いブルーや蛍光グリーンに色づくことが多いです

オーストラリア産ミドリイシの代表種のひとつです。枝の形状は円錐型で、上方向に伸びます。放射ポリプはウロコ状なのも特徴です。カラーバリエーションもいくつかあり、飼育が楽しめます

アクロポラ・スパスラータ

Acropora spathulata

オーストラリア産のハナガササンゴの仲間です。蛍光カラーが美しく、カラーバリエーションも豊富なので人気が高いです。照明は青色波長を中心としたLEDで十分飼育できますが、KH値だけは8dKH前後を維持しましょう

ハナガササンゴ属の1種

Goniopora sp.

マンジュウイシ属で、共肉が膨らむと触手も伸ばす特徴的な種です。蛍光カラーのバリエーションも豊富です。衰弱すると骨格裏の共肉が剥がれるので、時々チェックしましょう

マンジュウイシ

Cycloseris cyclolites

アザミハナガタサンゴの名でも流通することが多いのでややこしいです。コハナガタサンゴに似た単体性サンゴです。放射状に伸びた骨格からは、バルーン状の共肉を大きく膨らませます

“アザミハナガタサンゴ”

Acanthophyllia deshayesiana

サンゴ個体は1cmに満たない群体性サンゴで、骨格は根元で連結しています。丈夫で飼育しやすいのも魅力です

カビラタバサンゴ

Blastomussa merleti

ソフトコーラルの仲間

ウミキノコの仲間は、群体は文字通りキノコ型で、傘の表面に美しいポリプを出します。バリエーションは豊富で、種の違いか産地の違いか、様々なタイプのウミキノコが流通しています。蛍光グリーンのポリプを持つウミキノコの仲間は、主に近海産です

ウミキノコ属の１種 *Sarcophyton* sp.

ヤナギカタトサカ *Sinularia flexibilis*

群体は根元からよく枝分かれし、小さなポリプを付けます。夜間に萎縮すると半分以下の大きさになります

スジチヂミトサカやチヂミトサカ・パープルという名称で流通する美しい種。紫色は、紫外線を含む明るい照明で飼育すると色揚がりするようです

チヂミトサカ属の１種 *Nephthea* sp.

インドネシア産のイタアザミの仲間です。ブルーがかった小さなポリプが美しいです

ウミアザミ科の１種 Xeniidae sp.

トンガ産で入荷するタイプで、花弁のようなポリプの形状が魅力的です。ミドリイシ類が調子よく育つ環境で飼育しましょう

クダサンゴ科の１種 Tubiporidae sp.

インドネシア産のトゲナシヤギの仲間で、ポリプが大きく給餌がしやすいタイプです。水質が万全でないと共肉は剥がれやすいので注意が必要です

トゲヤギ属の１種 *Acanthogorgia* sp.

無脊椎動物＆甲殻類図鑑

海には、魚類やサンゴ類の他にも、様々な生物が生活しています。特に、無脊椎動物としてまとめられる環形動物や棘皮動物は、よく飼育されています。また、エビやカニなどの甲殻類は、美しい種が多い上に飼育も容易なのでおすすめです

撮影／円藤 清

ヒメジャコ

成長しても全長十数cmほどの、シャコ貝の仲間です。カラーバリエーションが豊富なので、コレクションすると楽しいです

ガンガゼ

ウニの中でも特に、トゲが細長く鋭いのが特徴です。ウバウオやハゼの仲間、テンジクダイの幼魚などの隠れ家として、水槽に入れておくとおもしろいでしょう

ケヤリムシ

ケヤリムシの仲間は、頭部に細長い触手が発達しています。岩盤などに定着するので、必ずライブロックを入れた環境で飼いましょう。餌はコペポーダやブラインシュリンプなど

オウムガイ

貝ではなく、イカやタコに近い仲間です。水族館で見られることがありますが、アクアリウムショップにも流通します。夜行性で、魚やエビなどを食べます。深海に棲んでいるので、水温は20～22℃を保ちましょう

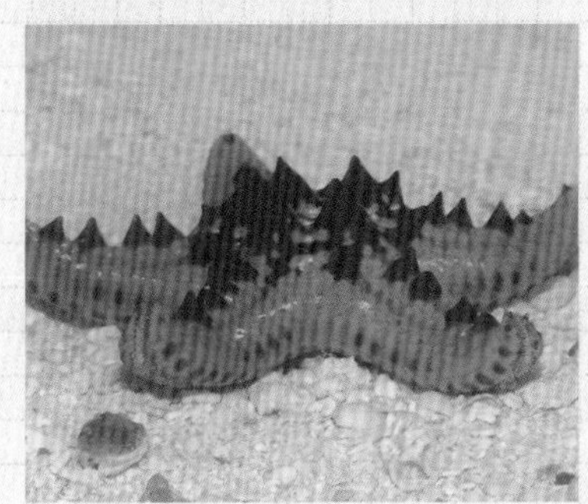

コブヒトデ

ヒトデの仲間は、残餌や老廃物を食べてくれるので掃除屋さんとしても役立ちます。このコブヒトデは、ハーレクインシュリンプ（フリソデエビ）の餌としても知られています

ホワイトソックス

次に紹介するスカンクシュリンプほどではないものの、魚をクリーニングする習性があります（この習性を持つエビをクリーナーシュリンプと呼びます）。深紅のボディに白い足と触覚が美しく、海のエビ類の中でもトップクラスの人気者。なわばり意識が強く、ペア以外では激しく争います。国内では西表で確認されているほか、スリランカやモルディブにも分布しています。全長４～5cm

スカンクシュリンプ

クリーナーシュリンプとして有名なエビです。南日本の岩礁域からサンゴ礁の海にかけての広範囲に分布しています。岩組みなどの隠れ場があれば４～５匹の複数飼育も可能で、水槽内では残餌の掃除係としても活躍します。全長４～6cm

ペパーミントシュリンプ

全身に薄い朱紅色のピンストライプが入る、クリーナーシュリンプ。東部太平洋沿岸に分布しています。協調性があり複数飼育も可能ですが、ベラなどの魚には捕食されやすいので、注意しましょう。水温25℃以上の高水温は苦手で、18～23℃が適します。全長３～4cm

キャメルシュリンプ

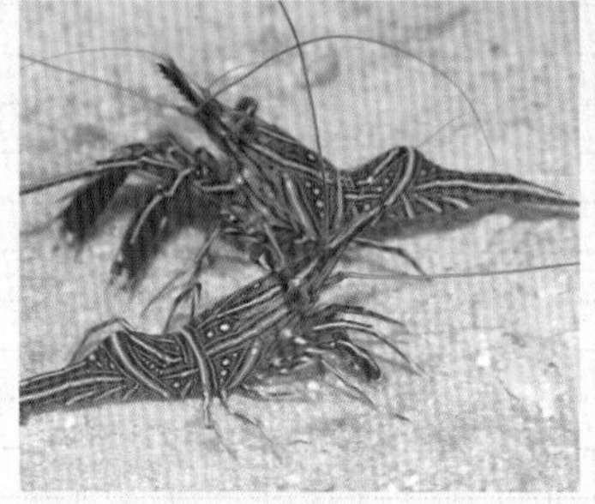

ショップなどで販売されるサラサエビの仲間は、ほとんどが本種です。主に、サンゴ礁の浅場の岩の亀裂などで見られます。複数飼育が可能で、残餌などを食べてくれるのも魅力。全長３～5cm

ハーレクインシュリンプ

「フリソデエビ」の和名でもおなじみの人気種。ヒトデ類を専食する珍しい習性を持ち、普段は岩陰などに隠れています。見た目は愛らしいですが、なわばり意識が強く、ペア以外の個体がいるとハサミ脚をもぎ取るほど争います。餌となるヒトデ類を常時飼育しておけば、飼育自体は難しくはありません。全長 3 ～ 5cm

バンデッドボクサーシュリンプ

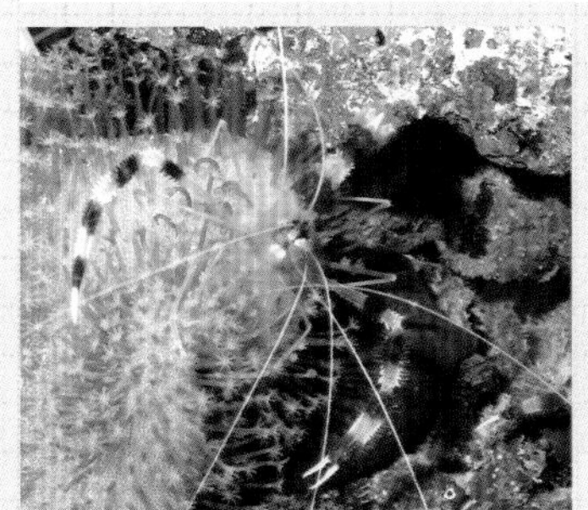

太平洋～インド洋、大西洋の広範囲に分布しており、「オトヒメエビ」という和名でも知られます。飼育は容易で、通常はペアでいますが、なわばり意識が強く、ペア以外では争います。オトヒメエビの仲間には、ウツボのような大型魚をクリーニングする種もいます。全長 7cm

スパイダークラブ

全身がフワッとした毛に覆われたカニです。夜行性で、昼間は海藻類にまぎれて身を隠します。和名は「クモガニ」で、全長 4 ～ 5cm ほど

アロークラブ

カリブ海や西部太平洋に分布するカニで、水槽内では掃除屋としても活躍してくれます。歩脚の長いユニークな体形が個性的で、自然下ではガンガゼなどに寄り添うようにしています。全長 8cm

グリーンクリンギングクラブ

カリブ海や西部太平洋に分布し、その体色からエメラルドグリーンクラブとも呼ばれます。水槽内ではヒゲゴケ（黒いヒゲのようなコケ）を食べてくれるので、コケ取りのために飼育されることも多いです。全長 3 ～ 4cm

MARINE CARE PROGRAM

初心者の水槽立ち上げを徹底サポート

リーフマチュアー プロキット

Reef Mature Pro Kit 定価(税込):4,095円

250Lまでの新規水槽の立ち上げプロセスを
完成させるために必要な4つの添加剤と、サポートマニュアルです。

ニトロバック / 新規水槽内のライブロックや底砂、生物ろ過材に定着させるための硝化細菌および脱窒細菌の種が高い濃度でブレンドされています。

バクトスタート / 窒素およびリン成分をバランス良くブレンドしています。実際の水槽内の自然な老廃物を模しており、好気性と嫌気性バクテリアの成長コントロールを可能にします。

NO_3:PO_4-X / 脱窒細菌のための炭素複合剤で、有機結合した他の元素も含みます。コケの栄養素(硝酸塩とリン酸塩)のレベルを正確にコントロールします。

KH-コーラリングロ/ 特定の中間および微量元素を強化した海水用の緩衝剤です。石灰藻と他の有益な微生物の成長を促進します。

※ご使用にはプロテインスキマーが必要です。

マリンケア テストキット

Marine Care Testkit 定価(税込):7,350円

リーフマチュアープロキットをサポートするために必要な
全てのテストキットを含むテストキットセットです。

pH/アルカリニティテストキット / 改良された KH の試薬は 0.5 dKH の精度で測定できる簡単な滴定方式(ボトルから直接滴下)となっています。

硝酸塩/亜硝酸塩テストキット / 改良されたこれらのテストキットは、共通の試薬を使うことで一つのキットになりました。

アンモニア テストキット / この最新の比色方式のテストキットは、海水中の総アンモニア濃度を0.15ppm 単位の精度で測定できるように改良されました。

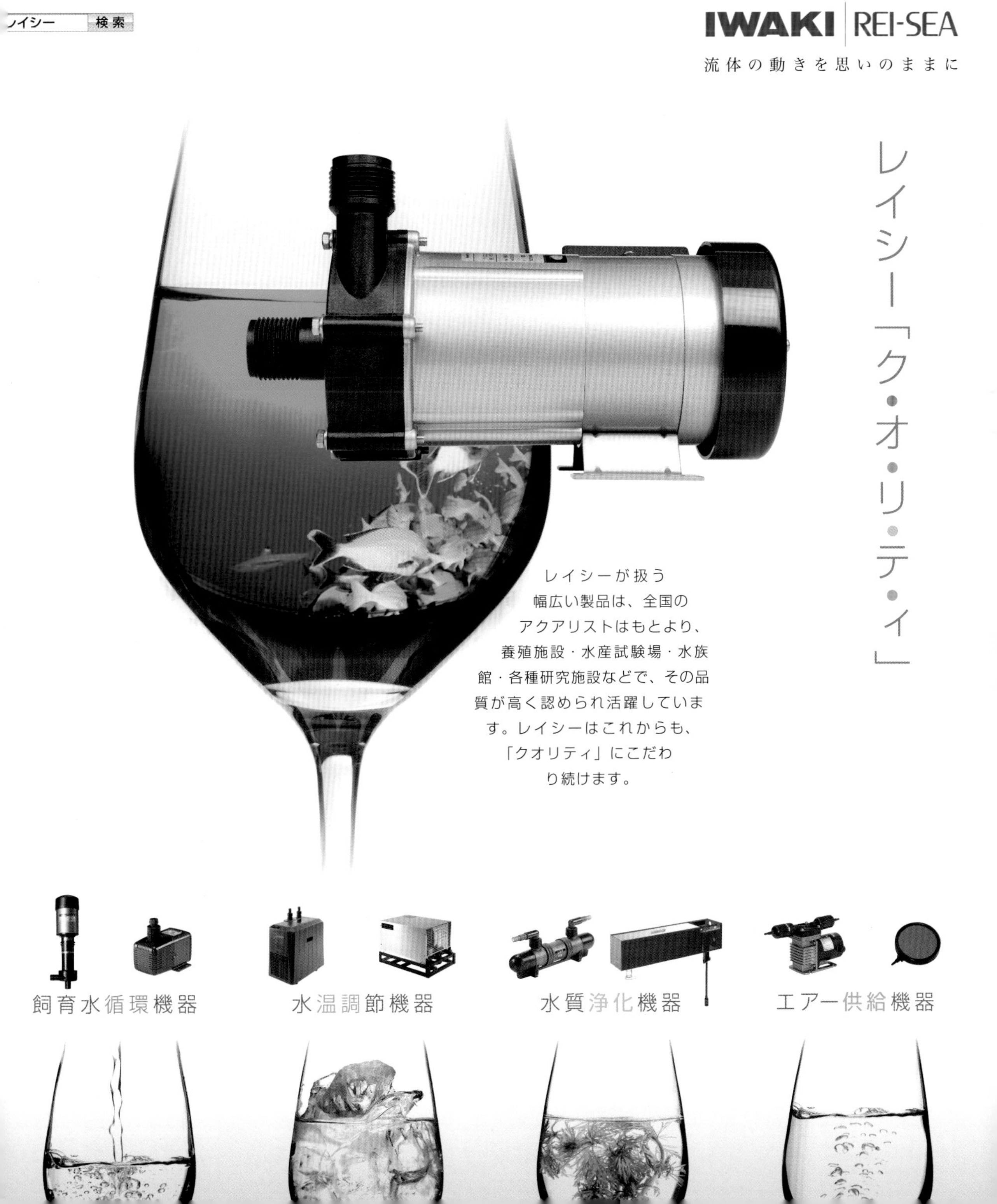
レイシー 検索
IWAKI | REI-SEA
流体の動きを思いのままに
レイシー「ク・オ・リ・テ・イ」
レイシーが扱う
幅広い製品は、全国の
アクアリストはもとより、
養殖施設・水産試験場・水族
館・各種研究施設などで、その品
質が高く認められ活躍していま
す。レイシーはこれからも、
「クオリティ」にこだわ
り続けます。
飼育水循環機器
水温調節機器
水質浄化機器
エアー供給機器

さらに海水魚飼育を極めるための４冊！

海のエビ・カニが飼いたい!

魚のパートナーとして、または水槽の主役としても楽しめる甲殻類を幅広く取り上げ、誰でも上手に飼えるよう、種の解説や飼育のコツなどを解説。

円藤 清・著／A5判・112頁／定価:本体1,600円+税
ISBN-9784904837252

共生ハゼが飼いたい!

テッポウエビと暮らす共生ハゼの飼育書。ハゼ・エビのカタログや飼育法解説など盛りだくさんでお届けします。ハゼとテッポウエビの飼育を手軽に楽しんでみませんか?

円藤 清・著／A5判・112頁／定価:本体1,600円+税
ISBN-9784904837191

小型ヤッコが飼いたい!

海水魚水槽の主役として飼育されることの多い小型ヤッコの仲間の魅力が1冊に!全34種カタログや飼育法の解説など充実の内容でお届け!

円藤 清・著／A5判・112頁／定価:本体1,600円+税
ISBN-9784904837078

大型ヤッコが飼いたい!

憧れの大型ヤッコを飼おう!今までに日本に入荷した6属47種の大型ヤッコを美しいカラー写真で紹介するほか、水槽飼育例と飼育テクニックも充実!

円藤 清・著／A5判・112頁／定価:本体1,600円+税
ISBN-9784904837252

● 著者紹介

円藤　清（えんどう きよし）

1962年、東京生まれ。法政大学法学部卒業後、（株）マリン企画に入社。独立後、『月刊アクアライフ』、『季刊マリンアクアリスト』の編集・営業に携わる。熱帯魚の飼育は中学生の頃から、海水魚の飼育は1986年頃から開始、現在に至る。写真は1988年頃から撮り始め、水中写真に劣らない海水魚の水槽写真をポリシーとして活動中。特に好みのジャンルは、深場の魚たち。主な著書に『クマノミとイソギンチャクの飼育法』『ソフトコーラル飼育図鑑』『失敗しない海水魚飼育の基礎知識』（いずれもマリン企画）、『クマノミが飼いたい！』『大型ヤッコが飼いたい！』『共生ハゼが飼いたい！』『海のエビ・カニが飼いたい！』（いずれもエムピージェー）などがある。

西川洋史（にしかわひろふみ）

1980年、東京都生まれ。東京海洋大学大学院博士後期課程海洋科学技術研究科応用生命科学専攻修了。博士（海洋科学）。2005年より『月刊アクアライフ』の「観賞魚の病気対策」において、観賞魚の病気治療や実際の病魚の治療方法について連載している。また、『マリンアクアリスト』では、海水魚の病気とその治療方法について解説をしている。

撮影	石渡俊晴、円藤　清、橋本直之
イラスト	いずもり・よう
デザイン	酒井はによ（はにいろデザイン）
編集	伊藤史彦
協力	アクアリウム工房ブルーハーバー、アフリカ、イワキ、エキゾチックアフリカ、エムエムシー企画、カミハタ、キョーリン、クラウンフィッシュ、スペクトラム ブランズ ジャパン、中央水族館、デルフィス、東京サンマリン江戸川店、Tropical&Marine、ナプコ リミテッド（ジャパン）、生麦海水魚センター、日海センター、日本海水、ひかるアクアリューム、VESSEL、ボルクスジャパン、マーフィード、松橋研究所、マリンシアター、やどかり屋

増補改訂版 **はじめての海水魚飼育**

クマノミからサンゴまで誰もが上手に飼える本

2024年1月6日　初版発行

※2013年発売の「はじめての海水魚飼育」（ISBN978-4-904837-29-0）をもとに加筆修正したものです

著者　マリンアクアリスト編集部 編

発行人　清水　晃

発行　株式会社エムピージェー

〒221-0001

神奈川県横浜市神奈川区西寺尾2-7-10 太南ビル2F

TEL.045（439）0160　FAX.045（439）0161

https//www.mpj-aqualife.com

印刷　図書印刷

ISBN978-4-909701-82-4

2024 Printed in Japan

□定価はカバーに表示してあります。

□落丁本、乱丁本はお取り替えいたします。